扛出来的才是人生，扛不出来的是命运

易云 著

文匯出版社

图书在版编目（CIP）数据

李嘉诚：等待的是命运，拼出来的才是人生 / 易云著.—上海：文汇出版社，2014.7
ISBN 978-7-5496-1224-6

Ⅰ.①李… Ⅱ.①易… Ⅲ.①企业管理－人生哲学②李嘉诚－商业经营－经验
Ⅳ.①K825.38

中国版本图书馆CIP数据核字（2014）第152437号

李嘉诚：等待的是命运，拼出来的才是人生

出 版 人 / 桂国强
作　　者 / 易　云
责任编辑 / 戴　铮
封面装帧 / 嫁衣工舍
出版发行 / 文汇出版社
　　　　　上海市威海路755号
　　　　　（邮政编码200041）
经　　销 / 全国新华书店
印刷装订 / 三河市京兰印务有限公司
版　　次 / 2014年7月第1版
印　　次 / 2020年6月第3次印刷
开　　本 / 710×1000　1/16
字　　数 / 185千字
印　　张 / 15

ISBN 978-7-5496-1224-6
定　　价：32.80元

他是企业家中的翘楚，他从"塑料花大王"到现在身为"商界超人"名满天下；

他是企业改革的先驱，打破旧陈规，引入新模式；

他是商界的思想家，广采博纳，推新出奇，亲力亲为；

他是创业者的引路人，探究现实，分解当下，各个击破；

他是财富的播种者，点拨有理想的人创造财富的新思路；

他是一个好胜心强的人，耄耋之年依旧站在时代最前沿；

他是一个老者，有着仁者的慈怀和智者的光辉；

他是一个勇者，经历过人生的辉煌和沉沦，坚守不渝；

他是一段传奇，年逾86岁，始终怀着年轻的理想和责任感，敢想敢做，激扬人生。

李嘉诚——等待的是命运，拼出来的才是人生。

一本好书，
将改变无数人的命运。

商业巨子的成功秘诀，华人首富的不息传奇。

五十年人生风雨路程，道出事业和人生的通行准则，激发出你成长的力量！

即使李嘉诚的成功无法复制，但他的成功之道将彻底燃烧你的激情！

前言　86 岁，拼搏仍未止步

"85 岁，就不能爱科技吗？我对新科技深感兴趣，令我的心境年轻化。"2013 年 11 月，李嘉诚在接受南方报业的采访中如是说。今年，李嘉诚已经 86 岁高龄，而他仍在拼搏之路上奋勇前进，一直未曾止步。

大互联网时代给诸多传统企业带来的冲击是毁灭性的，李嘉诚是实业家出身，面对全新的互联网思维时代，要让自身的企业能够继续发展，在全新的时代中仍旧有钱可赚，86 岁高龄的李嘉诚没有选择在家颐养天年，而是奋斗在商界的最前沿，与最新的动态握手，与不同的对手斡旋。时下热门的 APP，最新潮的 4G 通讯，时代主流智能手机的操作系统……但凡时代进程中涌现的新事物，李嘉诚都要试图接触一番，并且在快速地评估过后，当即决定是否介入操作，以增加新时代的拼搏筹码。

李嘉诚的人生就是拼出来的人生。10 岁开始的第一份工到现在，70 余年的拼搏生涯不仅造就了李嘉诚今天的伟业，更年轻了他的心态。被誉为华人商界传奇人物的李嘉诚究竟用什么资本与别人相拼呢？

一个是年轻人的毅力。"在逆境的时候，你要问自己是否有足够的条件。当我自己逆境的时候，我认为我够！因为我勤奋，我节俭，有毅力。我肯求知，建立良好的人际关系。"李嘉诚的创业之路并非一帆风顺，但每当遇到磕磕碰碰之时，李嘉诚总能以过人的毅力，带领自己的员工挺过难关，最终谱写奇迹。当然，这种毅力不仅仅表现在面对逆境身受煎熬之时，还表现在对新技术的渴望之上。年轻时，为了学习技术，李嘉诚甘愿充当最底层的员工，虚心地从最基础的工作开始学习，只为自己能完全地掌握核心技术；如今，新时代的技术如井喷一样冒出，李嘉诚也是凭借着这样一份可贵的精神继续坚持学习，从而源源不断地为自身的企业带来新时代的新鲜理念。

第二是人如其名的真诚之心。不仅在企业的内部，李嘉诚能做到真诚待人，在商业往来方面，李嘉诚更是做到了"商人轻利重情义"，让自己成为一个有责任的商人。对此，李嘉诚阐述道："我开始创业的时候，原来打算做三年后再从头念书，但现实环境有所改变，我当然有点伤心。但我后来想通了，就是我一个人做医生，也不过是一个人，假如我的事业成功，我可能每一年也培养了一二百个医生，结果会更加好。这目标我达到了！当你赚到钱，等有机会时，就要用钱，赚钱才有意义。"

第三则是李嘉诚的视野，这是成为一个杰出商业人士最为重要的业务素质。有广阔的视野，才能够准确地把握时代的潮流，才能够大气而准确地运筹帷幄，才能够对内调兵遣将对外见招拆招。从最开始的"塑料花大王"，到并购石油大王"赫斯基"，再到收购竞争对手香港置地；从成立长河实业，到投资医疗教育事业，再到公益慈善事业……李嘉诚一路走来，下了一盘大棋，一个不以赚钱为首要目的的商人，最终却成为华人的首富，而且为当今中国乃至世界的发展做出了重要的贡献。

本书深入浅出、条理清晰地分析了李嘉诚不同于常人的商业信念、思想和策略；追寻他五十年一路过往心迹，最细节、最真实，恍如与李嘉诚倾心面谈。五十年人生风雨路程，道出他事业和人生的通行准则——等待的是命运，拼出来的才叫人生。

目录

CONTENTS

第一章

今天的起点就是明天的高度

拼在起点——当别人还在苦苦寻找起点的时候，你已站在高处俯视他们。

第二章

新资本家要预见 E 时代的未来

拼在远视——视界有多深远,你的未来就能走多远。

第三章

"危""机"并存:谨慎经营,伺机而动

拼在谨慎——在危险下谨慎保身,在机遇下放手一搏,武拼蛮斗就是将未来拱手相让。

第四章

习惯的力量：一勤天下无难事

拼在习惯——好的习惯能让人变得"习惯性成功"。

第五章

经营之术：治大国若烹小鲜

拼在策略——通用的经验只能解决常识性困难，未知的领域唯有灵活才能攻破。

第六章

成功就是一群人才的巧妙组合

拼在团队——恰到好处地用人所长，天时地利地敢为人先，成功就会如期而至。

第七章

谈优势：永远比对手强一点

拼在实力——强一点足矣：既不会因遥遥领先而失去斗志，也不会因没有对手而感到寂寞。

第八章

拼的就是品牌：德行天下，无为而治

拼在德行——用钱砸出来的是名牌，以德养出来的是品牌。

第九章

慈善与责任：赚钱不是企业的唯一目标

拼在责任——以赚钱为最终目的的企业，最终都赚不到钱。

第一章
今天的起点就是明天的高度

拼在起点——当别人还在苦苦寻找起点的
时候，你已站在高处俯视他们。

起点也有高度：
抢知识就是抢未来

知识就是我们最核心的价值。

　　社会已容不下滥竽充数的人，这对每一个人来说都是沉重的压力。我们已经到了一个范式转移的关键时刻，知识就是我们最核心的价值。世界对我们有新的要求，我们要有新的准备。知识已不再是一门技能或一纸文凭。对这个世界的认知，大家要有多层次、多维全方位的视野、慎思明辨、客观论证及逻辑思维，这是现实生活可仰赖的成功方程式。

——摘自《知识——核心价值》

延伸阅读

李嘉诚认为，善于"抢学问"，就是在抢财富、抢未来。

　　在现代社会，知识不仅能转化成财富，而且它本身就是一种财富。拥有它的人会成为大富翁——这既是物质上的，更是精神上的。作为成功的典范，李嘉诚具有敏锐的洞察力和准确的判断力，正是因此，李嘉诚一次次抓住了转瞬即逝的机遇，终于成就了一番大事业。我们都知道，这些能力并非与生俱来，那么这一切又是如何形成的呢？对于这个问题，李嘉诚创造了一个名词叫"抢学问"——"人家求学，我是在抢学问"。这个词反映了他几十年来不屈不挠追求知识、创造财富的艰辛历程。

他曾这样说明抢知识的重要性："求知是最重要的环节，不管工作多忙，我都坚持学习。白天工作再累，临睡前，我都要翻阅经济类杂志，我从中汲取了大量的知识和信息，我的判断力由此而来。"判断力由此而来，未来的成就也由此而来。财富堆积的背后，少不了汗水的汇聚。李嘉诚的勤奋，尤其突出地表现在学习上。14岁那年，他历经了常人少有的坎坷：家道中落、漂泊异乡、少年失学、父亲过世。本来漂泊异乡、寄人篱下的打工生活已经非常苦了，但他依然坚持不懈地学习。

李嘉诚说："别人是自学，我是'抢学'，抢时间自学。一本旧《辞海》，一本老版的教科书，自己自修。"他对自己要求很严格，除了《三国志》与《水浒传》，不看小说，不看休闲读物。在昏黄的灯光下，他演绎做题的逻辑，寻找每个篇章的关键词句，模拟师生对话，自问自答。没有学历、人脉、资金，想出人头地，自学是他唯一的出路。

李嘉诚在荣膺世界华人首富称号以后，并没有退休养老的打算，仍在不断地学习，每天在他的办公室里工作。他是一位真正身体力行、"活到老，学到老"的杰出企业家。他说，在知识经济的时代里如果你有资金，但是缺乏知识，没有最新的信息，那么无论何种行业，你越拼搏，失败的可能性越大，但是你有知识，没有资金的话，小小的付出就能够有回报，并且很可能达到成功。

这是由其实际经历得来的经验总结。李嘉诚见过很多人，都有资金，却守着自己的小厂子，不关注前沿知识，只是拼命要求员工多为他卖命，即便是这么苛刻，却仍然收获不好，甚至因为一次意外濒临绝境，最终失败。他说："不读书，不掌握新知识，不提高自己的知识资产照样可以靠吃'老本'潇潇洒洒过日子，是旧时代不少靠某种'机遇'发财致富的生意人的心态。如今已经不可取了。"也因此，虽然在创办长江厂之初李嘉诚一无所有，他却能够时刻学习新知识，寻求新资讯、抢知识，最终在塑胶业、在地产业站住了脚。

Business Develop

不管管理者是多么才华横溢、天资过人，如果其缺乏足够的知识来对才华和天资进行有效的引导，那么他还是无法有效地施展和运用自身的才华。

李嘉诚说："先父去世时，我不到15岁，面对严酷的现实，我不得不去工作，忍痛中止学业。那时我太想读书了，可家里是那样的穷，我只能买旧书自学。我的小智慧是环境逼出来的。我花一点点钱，就可买来半新的旧教材，学完了又卖给旧书店，再买新的旧教材。就这样，我既学到知识，又省了钱，一举两得。"只要有志在此，你就能一步步走向成功。

经过数年辛勤打工和努力创业，李嘉诚终于松了一口气，既养活了家，也不再需要像当初那样勤奋用功。但是，他仍然没有放松学习。他订阅了《当代塑料》等英文塑料专业杂志，抓紧分秒时间补充知识，不让自己与世界塑料潮流脱节。李嘉诚说："年轻时我表面谦虚，其实内心很骄傲。因为同事们去玩的时候，我去求学问；他们每天保持原状，而我自己的学问日渐提高。"

很快的，李嘉诚的知识便派上了用场。像未来的昭示一般，李嘉诚发现了海外广受欢迎的塑胶花。于是，他抢先一步踏上飞机，奔向了那个生产塑胶花的国度；抢先一步取经，带回了塑胶花的核心技术，抢先研制出了塑胶花；抢先一步把塑胶花推向市场，占领了市场。于是，李嘉诚赢得了未来发达的第一个基础。

成功从来离不开知识的作用。一个人，如果能每天进步一点点，哪怕是 1% 的进步，试想，有什么能阻挡得住他最终的成功？

新的时代，是全球化竞争的时代，是数据竞争的时代。在这个全新的时代里，最有价值的就是快速流动的信息，这些是新时代中最需要掌握的"即时知识"。如果说过去的时代是"大鱼吃小鱼"的时代，那么现在已经演变成了"快鱼吃慢鱼"的时代了。企业规模的决定性影响正在渐渐弱化，企业创新能力与核心竞争力正日渐成为影响企业竞争力的最重要因素。

当今社会，且不说企业运营，哪怕就是在应聘中，也很容易被知识、学历这一关卡着，所以，抢知识才能抢到未来。纽约的一家公司被一家法国公司兼并了，在兼并合同签订的当天，公司新的总裁就宣布："我们不会随意裁员，但如果你的法语太差，导致无法和其他员工交流，那么，我们不得不请你离开。这个周末我们将进行一次法语考试，只有考试及格的人才能继续在这里工作。"散会后，几乎所有人都向了图书馆，他们这时才意识到要赶快补习法语了。只有一位员工像平常一样直接回家了，同事们都认为他已经准备放弃这份工作了。令所有人都想不到的是，当考试结果出来后，这个在大家眼中肯定是没有希望的人却考了最高分。

故事中离开的员工，并不是他不热衷于学习，而是实际上他每天都在学习，所以当所有人涌进图书馆恶补的时候，他却独自回家，因为他知道学习是终身的事，是每天都要做的事，而他也一直是这样做的。所以最终是他得到了最高分。

　　知识确有强大的功能，它能改造世界，能造就人自身。它能增强人的智慧、能力，充实人的精神世界。它能化为强大的物质力量，也能改变人，使人更加完美。

起点猎头：
尖锐的眼光是知识打磨的

知识的最大作用是可以磨砺眼光，增强判断力。

　　知识的最大作用是可以磨砺眼光，增强判断力，有人喜欢凭直觉行事，但直觉并不是可靠的方向仪。时代不断进步，我们不但要紧贴转变，最好还要走前几步。要有国际视野，掌握和判断最快、最准的资讯。不愿改变的人只能等待运气，懂得掌握时机的人便能创造机会；幸运只会降临在有世界观、胆大心细、敢于接受挑战但能谨慎行事的人身上。一个人只有不断填充新知识，才能适应日新月异的现代社会，不然你就会被那些拥有新知识的人所超越。

——摘自《赚钱的艺术》

延伸阅读

　　李嘉诚多年来旦已以他敏锐独到的眼光和迅疾果断的作风而著称商场。纵观其商海浮沉，最初力排障碍难题生产塑胶花如此，后来建造地铁上盖如此，希尔顿酒店如此，投资货运港口亦如此，李嘉诚善于将商机迅速成功地转化为行动，先声夺人。现实生活中，像李嘉诚一样雷厉风行的人往往容易成功，因为他们更容易达到眼光独到、心念一闪即行动的境界。在财富即将到来之际迅速抉择的人，才能抓住致富的先机。李嘉诚为什么能从看似平凡的生活中发现商机？因为他拥有独到的眼光。

现如今，科技水平发展迅速，诸多新兴行业异军突起，即使是传统行业，对于知识的要求也越来越高。在李嘉诚的访谈里，我们常常能发现，他数次谈到知识的重要性。因为多年的经验告诉李嘉诚，没有知识，很难做成大事业。直到老年，李嘉诚自学不辍的习惯依然没有改变。他说："非专业书籍，我抓重点看。如果跟我公司的专业有关，就算再难看，我也会把它看完。"也因此，李嘉诚对自己有着充足的自信。

当李嘉诚离开家乡来到香港时，他选择了努力学习广州话和英语。因为这能使他尽快融入新环境；当李嘉诚决定开办自己的厂子时，他选择了自己非常熟悉的塑胶业，并且努力阅读与塑胶有关的报纸杂志，因为他不想一直处于碌碌无为的状态中。李嘉诚正是在这一次次的针对性阅读、学习中，获得了前进的动力。

他常常鼓励年轻人努力学习，充实自己。"一定要有探索的好奇心，英语一定要好，才可以汲取新资讯，要听取别人的经验之谈……我深信知识可以改变命运。"追求知识，抢时间学习，是李嘉诚数年来的奋斗历程。他说："一个人没有金钱还可以乞讨过活，但一个人大脑里没有文化知识，那和植物人、动物又有何区别呢？"一句"知识改变命运"道出了人生的真谛。这不是由于他的运气，而是源自他那犀利的眼光。他认为，今天的社会已容不下滥竽充数的人，而知识就是人最核心的价值。"现代大学生需要知识面广，不断求取新的知识，做'有识'之士。"

Business Develop

百度创始人李彦宏的起点在哪儿？是对新知识的把握。正因为获得了新知识，李彦宏敏锐地把握住了时代的机遇。相反，假如李彦宏没有成立百度，也许今天他还在美国继续做着他喜欢的计算机研究工作；假如他当初卖掉了百度，今天也不可能看到百度成长为中国市场份额第一的搜索引擎公司；假如李彦宏没有看到网民的需求这一最新信息，他也未必能与谷歌相抗衡。

2002 年 3 月，北京正是春寒料峭的时节。李彦宏匆匆赶回国亲自挂帅坐镇指挥以雷鸣为首的"闪电计划"。他的目标很明确，要让百度在搜索引擎技术上全面与谷歌抗衡，部分指标还要领先谷歌。

雷鸣的"闪电小组"很快就行动起来。李彦宏给他们下达了具体的指标，要求"闪电计划"完成后，百度的日访问页面要比原来多 10 倍，日下载数据库内容比谷歌多 30%，页面反应速度与谷歌一样快，内容更新频率要求全面超过谷歌。此项计划的核心是想办法提升在地域方面信息搜索的能力，即加强地域性搜索。在现实生活中，虽然信息随处可得，但往往我们找不到自己想要的。比如中关村有一套房子出租，这个信息就跟地域有关系，但以往的搜索引擎跟地域没有太多关系，结果跟网民的实际需求有很大的差距。这是"闪电计划"要重点攻关的一个问题。

谷歌的研发能力在同行业中是首屈一指的，对于自己要战胜这么强大的对手，小组成员显然并不自信。于是李彦宏不断地鼓励组员，并在 8 月决定亲自兼任组长，身先士卒带领小组成员做研发。由于李彦宏在搜索引擎方面的技术积淀很深，加上长期以来关注当时世界的前沿技术，他的加盟使"闪电计划"得以迅速推进。到 2002 年 12 月，当老楼（指北大资源楼，百度初创时的地址）下那棵老槐树掉下最后一片叶子的时候，新楼（指2002年初百度新搬的公司地址海泰大厦）里的"闪电计划"也终于大功告成。一段紧张而忙碌的攻坚岁月终于有了成果。

他们的努力得到了回报，其结果是辉煌的。在百度，有人悄悄地删掉了谷歌的链接，理直气壮地用起了百度自己的搜索产品。李彦宏马不停蹄地率领百度的市场队伍，白天约见客户，晚上会见媒体，开始推广自己公司研发的"闪电"产品。他们要让每一个中国网民知道，中国人自己的搜索引擎，丝毫不比谷歌逊色。

有道是当今时代，最不缺的就是机遇，缺的是发现机遇的眼睛。广泛地获得新知识能够很好地促使管理者发现机遇，能确保管理者在广泛涉猎知识的同时保持机敏的商业嗅觉，同时又不脱离时代；追求最新的知识才能在流行的赚钱方式之外，嗅出真正有潜力的行业以及真正有价值的信息，从而先发制人。

最后，我们应该为李嘉诚所说的"知识"做个归纳。什么是有用的知识？哪些是能够用来磨砺眼光的知识？从事哪一行，就要关注这一行的前沿信息。李嘉诚曾举例道："Facebook从最初的几家大学开始，之前有人说2011年还是2012年才达到4800万名用户，其实这公司2008年初就已有4500万活跃用户，但是如果你没有这个information的话，要分析Facebook，你的资料就不足够。所以呢，做哪一行都是，最要紧的就是要追求最新的information，做哪行都是一样。"

互联网的起点：
盯紧穿越国界的 APP

> 我投资高科技的原则是重视大
> 数据，讲求颠覆性革新。

我喜欢新科技，私人参与投资的科技公司有60家，也越来越相信"知识改变命运"。我投资高科技的原则是重视大数据，讲求颠覆性革新。公司有不少人才，各有所长，专业小组每天留意全球新技术的发展趋势。

——李嘉诚接受《南方人物周刊》的采访

延伸阅读

2013 年 4 月 11 日，中国台湾《联合报》上刊登了一则令人咋舌的消息：一名叫作尼克·达洛伊西奥的英国少年因受著名企业家李嘉诚的赏识，获得了他近 30 万美元的投资。

这名少年虽然只有 17 岁，但是背后的投资者个个大有来头，除了李嘉诚之外，还有媒体大亨梅铎妻子温迪·梅铎、社群游戏 Zynga 执行长马克·平卡斯、歌手艾西顿·车奇、艺术家小野洋子。尼克现在是雅虎最年轻的工程师，擅长 APP 应用制作。李嘉诚为什么要为这样一个小伙子投资？尼克身上有什么样的投资点呢？

关于尼克本人，李嘉诚是非常喜欢的。他看中的是这位少年身上的才华与品质。尼克看上去白白净净的，眼窝有些深邃，说起话来有条不紊，心理年龄远远超过了他的实际年龄。尼克的一番话也让李嘉诚颇为赞赏："我希望投资人是为我的点子而来，是被点子的价值所吸引，而不是我的年纪。"

一次历史考试，尼克试图通过谷歌查询一些难以理解的名词，然而通过搜索获得的信息大多是没有利用价值的，因此，他产生了一个想法：做一个简单的预览，让浏览者迅速知道内容的大概，这样就能在查找信息的时候有所甄别。为此，当时年仅 15 岁的尼克着手写了一个 iPhone APP，叫作 Trimit，也就是 Summly 的原型。关于写 APP 这一行为本身，尼克也有着自己的看法："只有实际参与 APP 的写作，我才有机会和那些世界级的大公司及开发商平起平坐。"

从某种意义上来说，李嘉诚投资的不仅仅是这个项目本身，而是整个行业的未来发展趋势。他投资 APP，为的是获得新时代的新利润增长点，而投资 APP 制作人，则是投资这个行业的未来。有更好的团队来制作 APP，未来自然会有更多新的、更好的投资对象出现，这是一个可以预见的良性循环。

事实上，尼克也没有让李嘉诚失望。在获得李嘉诚的 30 万美元投资后，尼克成功组建了属于他自己的团队，然后用整整 12 个月的时间对之前的 Trimit 进行了重新改写，并对技术进行了一番改革，将冗长的文章成功浓缩为 400 个字母以内的摘要，非常有名的 Summly 便与世人见面了，而他自己也因此成为雅虎最年轻的工程师。

随着互联网技术的发展，如今的网络已经进入移动互联网的时代，而移动互联网领域最有前景和最有商机的方向莫过于 APP 应用了，越来越多的大型开发企业和发行商不断涌入这一新兴的领域。因此，在新的时代背景下，李嘉诚的投资方向也发生了微妙的变化，将重点放到了网络科技领域。

无独有偶，2013 年 11 月 5 日，根据《星岛日报》报道，李嘉诚通过维港投资向 Bitstrips 公司注资，在香港科网热潮势不可当的局面下，让漫画公仔软件 Bitstrips 在社交网站上火了一把。李嘉诚在一年之内再次为 APP 项目出资，可见当前时代下的新投资方向。

事实上，这已不是李嘉诚第一次投资科技行业了。

早在 2007—2008 年，李嘉诚向全球最大社交网站 Facebook 累计投资了 4.5 亿美元；2009 年，又为苹果人工智能助理 Siri 项目投资了 1550 万美元，该项目于 2010 年被苹果公司收购，市传收购价为 2 亿美元；2011 年，向新闻摘要应用程式 Summly 注资 30 万美元，该项目于 2013 年 3 月底被雅虎以 3000 万美元收购；同年，联同创投公司 KPCB（凯鹏华盈）向以色列地图软件制造商 Waze Inc 注资 3000 万美元；2012 年 3 月初，向以色列流动数据方案公司 Onavo、伙拍摩托罗拉移动等共同投资 1300 万美元；2012 年 4 月初，与其他投资者向流动搜寻器 Everything. Me 共同投资 2723 万港元；2012 年 5 月，向以色列英语文法检查软件开发商 Ginger Software，和另一家矽谷的创投基金 Harbor Pacific Capital 共同注入 500 万美元资金。

不过，对于科技行业，李嘉诚也是有选择性地进行投资。他专注于高新技术的企业，不会投资非技术领域的项目。因为图像、视频、文字的处理类技术，这些项目都有被大公司收购的潜质。对于投资的对象，李嘉诚并不看重投资对象的身份国籍，这也是行业未来的大势所趋。而且，对于受资对象是否大牌，李嘉诚也是一概不论，只要有价值，"投创"也是李嘉诚颇为赞赏的行为之一。

Business Develop

投资科技项目、投资科技行业甚至投资科技行业的趋势等，这些现象现在都非常普遍了。敏锐的投资者似乎早已发现这其中的门道，童士豪便是其中的一位。

2013年，曾任启明维创投资咨询公司合伙人的童士豪首次登上《福布斯》全球最佳创投人榜单，这一年，他的业绩可谓是可圈可点：不仅主导参与了A轮投资小米公司，估值跨入百亿美元俱乐部，还促成谷歌Android产品管理前副总裁雨果·巴拉加盟小米；通过充分的准备与努力，一家由他投资的云端游戏开发公司Forgame在香港成功上市。之所以能取得一系列成绩，只因为他在行业巅峰看到了业态的动向——移动互联的未来正穿越国界。

童士豪可谓是新时代的投资才子，从斯坦福大学毕业之后，虽然经历了不顺利的创业初期，但他不屈不挠，机缘巧合地加入美国硅谷BVP柏尚投资之后，似乎就开始为冲锋到行业巅峰蓄积力量了。童士豪将眼光放到太平洋对岸的中国，先后为小米、蚂蜂窝、凡客、一嗨租车、多盟和云游等公司投资。在一系列的投资之后，令童士豪自己都没有想到的是，大家居然将他评为"与企业最友好的投资者"。

在一连串漂亮的成绩单之下，童士豪并没有陷入对现状的满足，而是以一种更加冷静的姿态分析着行业的未来发展动向。随着科技的发展，移动互联终将冲破国界的束缚，因此缩小国与国之间的"距离"必将成为一个全新的增长点。2014年，童士豪将投资的方向锁定在移动互联网和游戏领域。

与一般的投资者不同，童士豪更加倾向于向创业者投资。这其中有很多复杂的因素，但最主要的原因莫过于童士豪自己也经历过创业阶段，深知创业的艰辛，喜欢"当创业者的企业家"。"投创"有着极大的风险，但童士豪认为："只要经过深思熟虑的投资就没有问题，而且我在投资失败时往往会自责而不是责怪项目方的失误。别人都说我的投资带有一定的赌博性，其实我是在研究了行业趋势之后下的赌注。"

有着丰富经验的童士豪现在已经摩拳擦掌，全力迎接新的挑战。

屈臣氏上市：
新起点的寻觅之路

　　作为一家国际性综合企业和负
责任的上市公司，对经济发展循环
及业务回报条件常常要带高度警觉
思维，灵活调整是很正常和重要的
运作。

　　我感觉在经济全球化的大环境下，"撤资"这两个字是用来打
击商界、扣人帽子的一种说法，不合时宜，对政府和营商者都是不
健康的。今年，长和系投资于中国香港的新基建项目（货柜码头）
金额40亿港元，而投资于海外（新西兰及荷兰）的基建项目总额
则为130亿港元，实际动用资金80亿港元，仅占长和系全年总毛
收入4300亿港元的不足2%，可说微不足道，因此外间认为我们撤资，
是以讹传讹，绝非事实。"撤资"是天方夜谭的笑话。

　　至于地产以外，过去一二十年，在我们出售的业务中，有获利
逾千亿港元，也有接近千亿元的，而超过百亿元的亦不少，有时在
某国家出售业务后，如有新机会又再重新加大投资，当地亦视为平
常事，绝无引起任何传言。企业按照法律经营，赚得盈利后再投资

其他任何地区，或因经营不善亏损、业务回报低或前景欠佳而退出，均属纯商业决定。高卖低买本来就是正常的商业行为，但就全世界而言，从来没有批评过我们。

作为一家国际性综合企业和负责任的上市公司，对经济发展循环及业务回报条件常常要带高度警觉思维，灵活调整是很正常和重要的运作；否则，如果你是投资者，也不会投资一间对股东不负责的公司吧。

——李嘉诚接受《南方人物周刊》的采访

延伸阅读

就在 2013 年 10 月，作为李嘉诚旗下最为强大的商业品牌，屈臣氏也被卷入了"撤资"风波之中。当时，屈臣氏旗下的百佳连锁超市正式列入出售计划，市场上因此纷纷传闻：出售屈臣氏表明李氏财团在内地影响力逐步削弱，选择撤退也是迫于无奈。但结果恰好相反：以数十亿美元出售屈臣氏的计划被李嘉诚给搁置了下来，这一传言在一系列热点事实中沦为畜粉。和记黄埔 2013 年中报显示，屈臣氏 11093 家店铺分布于 33 个市场中，较 2012 年同期增长 8%。屈臣氏非但没有被抛售，李嘉诚对其的控股反而越发重视。

然而，一些财经专家对此仍旧深表怀疑，认为李嘉诚这样做很可能是为了更好地撤资套现，来达到巩固自身金融地位的目的。在此之前，外媒曾报道：屈臣氏若成功上市，集资额或高达 80 亿～100 亿美元（约合 624 亿～780 亿港元）。换言之，屈臣氏的估值非但不会下降，反而会大幅度上升，甚至能一举升至 1551 亿～1938 亿港元，这样一来，屈臣氏就可以扩大招股的规模，让市值逼近 775 亿港元。

如若是李嘉诚最后选择撤资，近 800 亿港元规模的变动，必然会让金融界迎来一次大的动荡。针对这一预言，众多业内人士深信不疑，因为李嘉诚已经通过一些方式，成功地吸取了内地和香港的抛售金额。据统计，2013 年，李嘉诚先后在广州、上海、香港三地共抛售四处房产或房产股权，共收回资金 132.64 亿港元。

　　熟悉李氏商业智慧的人都会清楚，出售资产、分拆上市只是李嘉诚惯用的操作手法。说到底，他这么做无非就是将自己兜里的钱变得更多，而且这样做还有一个好处，他的债主不但不会向他要钱，还愿意再掏腰包支持他。用专业的术语来说，李嘉诚此举意在降低和黄的资产负债率。李嘉诚未雨绸缪，他明白虽然屈臣氏已经成为世界一流的零售品牌企业，其现金流也非常充沛，但是一旦赢利能力趋平，未来就可能成为拖累业绩的短板。

　　所以说，不论他选择分拆屈臣氏股权也好，撤资在内地与香港的房地产也罢，还是为了将李氏商业模式置于高地。2013 年 12 月，某外电报道：李嘉诚正接洽汇丰控股作为承销商，欲分拆旗下零售旗舰屈臣氏集团上市，正式的 IPO 也将在 2014 年上半年进行。这就意味着李嘉诚很可能完成屈臣氏在中国香港和英国同步地区上市，同时不排除分拆亚洲业务在香港上市，而欧洲业务独立在伦敦上市的可能，一旦实现，他的负债率就会立马降低。"零售 + 地产模式"已经成为李嘉诚商业板块的现金源头，但这种模式是不可长期运营的，这一拆分就是为他自己创造更丰富的现金流来源。

　　也许，在这一切都还没有完全实现之前，很多企业大亨都等着看李嘉诚的笑话，但是在李嘉诚的眼里，瞄准危险才是成功投资的前提。他曾说："在剧烈的竞争中，多付出一点，便可多赢一点，就像参加奥运会一样，你看一、二、三名，第一名的优势往往只比第二、三名的多一点点，差距可能连一秒钟都不到。但这就是现实，一点点的差距足以分出胜负！"

　　香港电灯有限公司（港灯）是中国香港十大英资上市公司之一，占据垄断地位,盈利丰厚而且稳定。李嘉诚对港灯十分看好,打算将其招入旗下。然而置地抢先一步在 1982 年收购港灯。李嘉诚冷静理智地静观其变,并不鲁莽行事。之后,香港刮起迁册风,市场动荡,股市大跌,而置地自身又由于急剧扩张陷入了资金缺乏的困境。李嘉诚在 1985 年以 29 亿港元现金收购置地持有的 34.6% 港灯股权,省下了 4.5 亿,成为港灯收购的最大赢家。

然而对于撤退,他更有心得。退步即是向前,暂时的撤退是为了探索出更好的道路、更好的起点,再完成一次飞人奔跑。

2007 年 5 月,全球次贷危机尚未爆发之际,所有人都蜂拥冲进股市,李嘉诚却清醒地劝阻,数度提醒投资者需要谨慎行事。他以少有的严肃口吻提醒 A 股投资者,要注意泡沫风险。就在李嘉诚讲话的半个月之后,"5·30"行情开始拖累 A 股一路暴跌。2007 年 8 月,"港股直通车"掩盖了美国次贷危机,他更直指美国经济会波及中国香港。

当时,李嘉诚被很多记者问及为何可以预测。他的回答十分通俗:"这是可以从二元对立察看出来的。举个简单的例子,烧水加温,其沸腾程度是相应的,过热的时候自然出现大问题。"

就在 2008 年,当危机再次来临之时,李嘉诚旗下和记黄埔提出"持赢保泰"策略,冻结全球新投资,只在本行内继续发展。在经济杠杆里,近乎所有的商业投资最后都会步入衰退的阶段。后来李嘉诚再进股市,成功地将上市的屈臣氏玩转在手掌之中。

Business Develop

巴菲特曾说过:当人们对一些大环境时间的忧虑达到最高点的时候,事实上也就是我们做成交易的时候。恐惧是追赶潮流者的大敌,却是注重基本面的财经分析者的密友。这就像李嘉诚所说的在所有人冲进去时及时抽身一样，确实可以作为投资市场颠扑不破的一条赢利法则。

在所有人冲进去时及时抽身，不仅股票投资如此，事实上这句话在任何一个行业都是适用的。及时抽身妙就妙在它展示的是一种长远的眼光，竞争的智慧，一种积极的放弃行为。

企业运营管理的最大特点就是要灵活变通。有人认为应该趁着行情好的时候实现利润的最大化，有人则认为应该保守起见，及时收手。都是运作企业的人，不同的企业家甚至就同一事件会给出不同的论断。作为听取经验、博采众长的企业管理者，这个时候就需要灵活变通，就自身的企业情况进行分析，拿出最适合自身企业实际情况的决议来。

企业最危险的时候有时不是其亏损的时候，相反可能是其赚钱的时候。及时抽身就是要在赚钱的时候积极放弃，未雨绸缪。这是一种积极的、主动的战略性的撤退和放弃，是为了追求更高的目标而采取的进取姿态，看似守势，实则进攻。及时抽身需要有大气魄，为了远大的目标，不在乎一城一池的得失。

进军世界货运：
运用全景思维才能找到最佳起点

作为企业领导，他必须具有国际视野能全景思维。

　　现今世界经济严峻，成功没有魔法，也没有点金术，但人文精神永远是创意的泉源。作为企业领导，他必须具有国际视野能全景思维、有长远的眼光、务实创新，掌握最新、最准确的资料，做出正确的决策，迅速行动，全力以赴。更重要的是正如我曾经说过的，要建立个人和企业良好信誉，这是在资产负债表之中见不到但价值无限的资产。

——摘自《赚钱的艺术》

延伸阅读

　　"全景思维"是李嘉诚提出的一个新的概念，可以简单地理解为我们日常所说的"大局"。我们的耳朵对于这个新名词感到非常新鲜，但其中的道理，李嘉诚早已谙熟于心。其中和黄进军世界货运业就是一个很好的例子。

　　和黄作为以港口业务为主业的大型集团，如今已拥有 29 个货柜码头，遍布 15 个国家和地区，资产值约达 900 亿港元，仅此项业务的盈利就占整个集团盈利的 20% 以上，其发展过程可谓飞速。由本港开始发展，1985 年止，和黄旗下香港国际货柜码头所处理的货柜量，就已占当时世界吞吐量第一的葵涌码头（后称为葵青码头）的 45% 以上。到 1990 年底，公司已拥有 10 个泊位，码头设施占总设施 63%，货柜吞吐量占市场 70%，几乎垄断了本港货运业。1986 年便已达到盈利 4.5 亿港元，而到了 20 世纪 90 年代，竟增至 10 亿港元，增长了一倍以上。

　　如此发展速度，必要归功于全球化发展策略。和黄由英国开始，首先收购了最繁忙的港口菲力斯杜港，继而陆续向其他国家地区继续拓展；2001 年，斥资 4 亿港元，和黄成为荷兰鹿特丹货柜港的最大股东，持有其股权高达 60%；至中美洲，2 亿港元的投入达成旗下一个货柜港码头的扩建和货仓的兴建；又转向中东，将目标锁定伊朗某港口；到了东亚，随着巨资收购菲律宾国际码头服务公司旗下国际控股公司高额股权的完成，和黄同时又取得了其所持海外 8 个码头资产的经营权。趁发展态势高涨，时刻关注内地港口业务的李嘉诚随即转战珠江三角洲，即内地港口业务的关键地区和发展重点，他一早预计，中国日益频繁的对外贸易趋势，将引领港口业务发展的又一个高潮。因而，他率领集团扩建了厦门海沧港，同时购入宁波北仑港股权，目标明确，在中国沿海港口形成强大严密的业务系统。

　　2005 年 12 月，中国香港本港港口的增长开始减缓，李嘉诚的关注再次转向海外市场。是年 6 月，和黄售出部分香港港口业务股份，向西班牙 Grupo Mestre 公司收购位于地中海的第五大港口——巴塞罗那港的加泰罗尼亚码头主要股权。巴塞罗那港作为进出伊比利亚半岛主要贸易通道，在李嘉诚看来，将具备巨大的发展潜力。紧接着，一鼓作气，巴基斯坦卡拉奇港、埃及亚历山大港、泰国兰差彭港、阿曼苏哈尔港等港口投资也先后实现。

2005年11月份，李嘉诚再次引起商界轰动。他对外宣布，和黄集团将再次投资深圳盐田三期集装箱码头扩建工程，与合作方共同出资100亿人民币，增建6个泊位。这也就意味着和黄将在新的项目中持有65%的股份，足可见他建立起港口业务王朝的雄心。与此同时，已在上海、宁波、厦门、珠海、汕头等地参与投资的和黄集团，对正在建设的洋山项目更是野心勃勃。当时的上海港已成为世界第三大集装箱港口，洋山深水港的启用正是其冲击世界第一大港的重要筹码之一。然而洋山港启用后，和黄却因收费过高而出局，没有争取到其股权。不过，洋山对它的吸引力丝毫没有减退。李嘉诚坚信，他终要取得这块宝地的股权。但在扩大版图的过程中，难免遇到挫折，尤其是港口业很容易被人以"垄断"或"控制"等字眼加以指责，李嘉诚野心勃勃的拓展态势，必然引起舆论的争议。

1999年，李嘉诚得知，印尼恒布斯集装箱转运站的第三货柜码头受经济危机的波及之后，欠下巨债，已经濒临破产，便决定购入其股份，重整建设，继续发展，于3月31日买入雅加达国际集装箱码头51%的股份。但是，当时的雅加达海港一共只有3个集装箱码头，买下第三货柜码头，实际上也就意味着和黄同时控制了第一和第二集装箱码头的运营。因此，和黄的收购消息公布后，印尼就有人高呼反对外资垄断，抵制和黄进一步收购。有人甚至利用此事，指责甚至波及印尼方顾问、身为华裔的郭英喜。另一次，则是在巴拿马运河的问题上，和黄也遭遇了舆论质疑。

1999年底，随着美国从巴拿马运河撤离，和黄得以有机会通过竞标赢得了巴拿马运河两端的管理权。美国立即有声音指责和黄对港口的经营将危及其安全，甚至有人认为和黄是北京的棋子，此举意在控制巴拿马。美国政府认为，巴拿马运河的投标缺少透明度，是巴拿马政府的贪渎，才使得和记黄埔取得了港口和邻近的战略性地产。

介于舆论的影响不断扩大，李嘉诚不得不出面澄清。事实上，和黄集团在巴拿马运河的投资，只是一项集装箱业务，与舆论盛传的控制权毫不相干。另外，可以对比一下美国等在巴拿马的投资公司，就会发现，和黄根本就不是最大。一切本不过是正常的跨国投资而已，却被有意地扭曲夸大。因此，他诚恳地向媒体界承诺，他属下的和黄集团不会通过对巴拿马运河集装箱码头的兴建试图控制运河的航权。此番声明，足见李嘉诚在商界的老练和魄力。尽管在海外投资时遭舆论攻击，但其进军海外拓展的步伐是不可阻挡的。

2009年，再受世界金融危机的影响，众多企业面临险境。据计算，环球货柜码头的贸易量有也一定幅度的下跌。对此，李嘉诚却信心十足，相信对欧洲的影响不会太大，和黄的货柜码头业务仍有可能创出新业绩。

2010年，欧洲发生债务金融问题，欧元值持续下跌，对于众多华资海外的项目都产生不利的影响，李嘉诚表示，该局面确实会对欧洲的零售业务产生一定影响，但并不需悲观，亚洲的业务将弥补在此间受到的损失，市场的波动是始终存在的问题，只要小心应对，仍能战无不胜，年年创造佳绩。

Business Develop

不论世界经济形势怎么变，李嘉诚凭借其精明的策略和冷静的头脑，仍旧能蝉联财富榜。

就像郎咸平的一段分析，或许能说明一些问题："（李嘉诚）货柜码头业务的总收入能保持稳定的增长，主要原因在于其港口业务分散在不同地区，无论集团面临什么样的经济大环境，各港口受影响程度也不尽相同。所以，在不同的时期，表现好、盈利增长快的地区往往可以支持表现相对较差、盈利增长缓慢或呈负增长的地区，使码头业务的整体盈利始终保持正增长。"以近景思维的方式，可以成为一个聪明的人，而全景思维的方式，才能成就一个智慧的人。虽然世界金融时时可能出现意外，并且无时无刻不在变动，但李嘉诚因他的业务全球化策略，使得风险分散，整体业务始终保持增长态势，处于在商界立于不败之地。

那么，作为一个企业管理者，如何培养自己的全景思维呢？

第一，全球化最重要的问题是人类如何消除歧见，彼此如何在与时间竞赛中共处求进。这是最大的挑战。要在新时代做好全景思维，一定要深入领会全球化的真实含义。全球化不仅仅是经济上的全球化，也是生活、习惯、文化上的全球化。

第二，面对市场环境的急速转变，企业领导层必须了解自己，理解他人，更新求变，才可争胜。这既是一个同自己对手竞争的过程，也是一个同飞速流逝的时间竞争的过程。

第三，从思维的角度而言，要达到全景思维，更多的时候需要将自己从现实中抽离，以第三者的视角审视整个局面，只有做到"与我无关"，才能洞悉其中的奥妙。

有度扩张：
"四两"并不一定能拨"千斤"

今天我们看见很多公司只看见千斤和四两的直接可能而忽视支点的可能性，因过度扩张而陷入困境。

领袖管理团队要知道什么是正确的"杠杆"心态，"杠杆定律"始祖阿基米得是古希腊学者，他曾说："给我一个支点，我可以举起整个地球。"支点是效率和节省资源策略智慧的出发点，试想与海克力斯（即 Heracles，也叫赫拉克勒斯，是希腊神话中大力士）单凭个人力气相比，阿基米得的方法有效得多。不知从什么时候开始，把这概念简单扭曲为四两拨千斤，教人以小搏大。聪明的管理者专注研究精算出的是支点位置，支点的正确无误才是结果的核心。这门功夫倚仗你的专业知识和综合力，能否洞察出那些看不见的联系之层次和次序。今天我们看见很多公司只看见千斤和四两的直接可能而忽视支点的可能性，因过度扩张而陷入困境。

——摘自《管理的艺术》

延伸阅读

企业要在激励的市场竞争中占领一席之地，就必须考虑通过扩张使得企业实力大增。扩张已经成为企业做大做强的必由之路。合理的扩张则如虎添翼，能够极大地推动企业快速发展壮大。扩张的过程是一个多方博弈的过程。同时，企业扩张面临的风险也很大，扩张后面临着众多的问题，要投入大量的精力进行重新整合，结果还要受到多方的制约，诸如技术的消化，管理方式的调整，资产的重组，等等。扩张不当的情况经常会导致企业的消化能力低下，出现消化不良综合征。因此，警惕扩张的风险，采取有效措施规避风险就显得非常重要。

李嘉诚实现企业扩张的策略一直备受关注。众所周知，他起家的行业是塑料产品，之后一步步通过不断地扩张将其业务范围延伸到房地产、能源、港口货运、互联网等多个行业。

他走的是多元化扩张的道路，旗下的企业涉及多个领域。

李嘉诚的扩张一向留给人们的印象是大刀阔斧，但是，他也表现出了理智、保守的一面。在 1979 年收购和黄时，他就曾经考虑过企业今后的发展战略，坚持首先树立公司发展的目标，接下来就构建一套灵活的企业机制，以此来确保今日的扩展不是明天的包袱。

Business Develop

2008 年国际金融危机给众多行业带来巨大的冲击，很多领域都无法幸免，家电零售业也不例外。苏宁电器采取的应对策略就是谨慎扩张，注重成本控制。在 2009 年，苏宁电器通过对市场的谨慎判断，仅扩张 200 家店面。从苏宁历年来扩张的情况来看，2009 年其扩张在增长的速度、新年度的扩张数量方面创下两个最低纪录。在激烈的市场竞争中，国内的一线城市市场吸纳能力相当强，但是市场的饱和程度也很高，因此，苏宁新扩张的店面大多是在同城或向二、三线市场延伸。

一家真正成功的公司，并不是什么都能做，什么都做过的公司。这样的公司业务范围广，但是不够精，在每个方面都是别人可以替代的，因此就缺乏独特的竞争力。冯仑曾经就此发表过相应的观点：商业是有周期的，几年市场特别好，然后有一个低谷，之后再次上升。这样就要对公司有一个清醒的认识。不仅要扩张规模，同时还要懂得掌控风险，如果市场好的时候什么也不顾，只管大肆扩张，那么一旦市场走入低谷就会出问题。

要想让企业长久地生存下去，所有企业经营人都必须牢牢记住一点——控制风险。20 世纪 90 年代初期，万通的主要业务范围是海南。当时海南的房地产刚刚起步，存在很大的泡沫，只要能买到地，成功建设完项目就能赚钱。在这种情况下，很多公司都大肆扩张，见地就买。1993 年，海南的房地产公司数量达到了 18000 家，基本上每一家都是赚钱的。有人调侃说，当时甚至已经到了房产企业老总见面打招呼时常会说“不好意思，又挣钱了”这种地步。可是谁都知道，一个海南省是承载不了这么多房产公司的，这里面一定有泡沫。结果没过多久，房产泡沫破裂，那些盲目发展的公司就马上陷入了困境，难以为继了。而这时候，万通却没有受到影响，不仅活着而且还在继续发展。万通所以能够做到这点，就是因为在别人都疯狂的时候，它的整个团队都很冷静。他们也在不停买地，但是在决定买某一块地之前会有一个分析和评估，要看看这块地的位置是否足够好，是否有很好的发展前景，而不是像有些公司那样，只要是地就买下来。万通的这种做法，减少了很多的风险，在市场转入低谷的时候，自然就能存活下来了。

当然，市场上不乏盲目扩张而导致失败的案例，同时还有很多企业上演着"蛇吞象"的故事。扩张并非是将企业成功的经验简单地复制到收购企业就行。企业进行扩张后，不管对收购企业，还是原有企业都会产生深刻的影响。谨慎扩张，就一定要考虑到对企业的资源、生产要素进行重新组合。盲目扩张的后果，不仅是难以获取盈利，而且还可能难以收回成本，甚至拖累原有的企业盈利。

联想收购IBM就是一个典型的例子。2005年联想集团斥资12.5亿美元收购IBM个人电脑业务，目的是希望充分利用自身成本低的优势扭转IBM的亏损现状，整合双方资源，实现大幅赢利。收购后，联想的确在向国际市场迈进的方向上跨出了一大步，一跃成为全球第三大个人电脑制造商。但是，联想忽视的一点是，除了IBM自身的问题外，中西方管理观念的分歧，技术、销售渠道等方面存在的差异，都使联想在收购举动之后面临着重重困境。诸如收购后，IBM员工的薪酬远远高于本土职工的薪水，企业用工的成本大大增加；同时，还存在着联想与来自IBM的管理者之间由于文化差异而存在的管理理念的分歧。此外，当时的联想在国际市场也缺乏经验，进军国际市场难度仍然相当之大。收购后其产品的全球市场占有率却出现大幅下降。联想当时的扩张一度超出了其自身的承受能力，特别是在2008年遭受金融危机重创的时候，因为产品结构、业务架构、市场结构的多重滞后因素影响，联想巨亏了2.2亿美元。但是，很快联想便采取了补救措施，将国际业务执行能力这一困扰多年的弱项一举攻破，并且将企业的发展重心锁定为新兴市场，在2009年第二季度便实现了扭亏为盈，并创下了8.9%全球市场份额的新高，成为全球第一的PC厂商。

不难看出，企业扩张并非易如反掌的事情，要面临重重风险的考验。而成功的扩张取决于多方因素。在看似热热闹闹、轰轰烈烈的扩展之后，往往需要投入大量的人力、物力、财力进行整合，实现资源配置最优化。有形资产的处理非常重要，而无形资产如技术、管理、制度等则在当今的市场竞争中显得更为重要，整合的难度也是更大的。而扩张则是把双刃剑，判断其是否为包袱的标准就在于其能否为己所用，不是被压死，不是成为企业发展的包袱，才能充分利用扩张的优势，推动企业的规模发展，实现做大做强的目标。

不要盲目扩张，这一点对任何企业来说都是非常重要的。

第二章

新资本家要预见 E 时代的未来

拼在远视——视界有多深远，你的未来就
能走多远。

要知道风的方向：
识时局者为俊杰

> 政治跟经济根本是手和脚的关系，假如两者背道而驰，是难以处理的。

我并没有参与政治，但我关心政治，政治跟经济根本是手和脚的关系，假如两者背道而驰，是难以处理的。我当然希望好的政治和经济政策，让人民富国家强。我曾经说过，讲真话，做实事，有贡献，我的基金会是不停地做公益事业。

——李嘉诚接受《南方人物周刊》的采访

延伸阅读

李嘉诚不是一个"跟风"之人，因为他做出决定向来只依照自己的判断，与对手盯上哪些项目没有必然的关系；然而，李嘉诚又是一个善于"跟风"之人，因为他时时关注政府的政策风往哪个方向吹，紧密关注时局的动态。"跟风"虽然是个贬义色彩浓厚的词，但它所指的事情也不见得都是坏事。

在李嘉诚的一生中，绝大多数决策都与时局有关。即便有所变动，也是因为一些不可逆转的原因，并非李嘉诚判断失误。20世纪80年代时，中东国家和美国有分歧，导致全世界范围内，石油供应都趋显紧张。但天无绝人之路，政治环境非常稳定的加拿大也盛产石油，而且当地的石油大王赫斯基正处于亏蚀的局面，如果一举将其收购下来，自然是一个非常好的机会。这就是时局的作用。如果没有供应紧张这一特定因素，如果没有加拿大政治环境相对稳定这一前提，相信李嘉诚不会贸然做这样一个看似输定的决策，便也不会有22年后的满树开花，满堂彩了。

成功其实是一个见仁见智的问题，甚至每一个人对于成功都有着自己的理解。有人说"细节决定胜败"，也有人说"执行决定成败"，殊不知，所有的细节都需要一个正确的方向，如若不然，细节也只能成为浪费时间的凭证，所有的执行都将成为空中楼阁。故而，只有正确决策，才能保证一切的努力是物有所值。只有正确的决策才能让事业插上翅膀，从而更好更快地走向成功。

那么，如何才能有正确的决策呢？答案很简单，那就是了解时局，了解当下的局势，深入分析，从而得出自己精当的判断。一个成功者，决不会凭借别人的态度而行事，同样，也决不会在没有看清局势之前妄下论断。只有用自己的政治思维思考，整合当前混杂的资料，才能及时对时局以及各种社会关系做出有效、及时的判断，从而不走弯路，在第一时间拿下赢的资本。

20世纪60年代，香港局势不稳，许多人纷纷降价抛售物业，远走他乡。香港房地产市场一下子变成了"一块臭肉"。李嘉诚却不以为然，对于时局他有着自己清醒的分析和判断，香港的动荡只是暂时的，多数人不过杞人忧天而已。于是，李嘉诚人弃我取，到20世纪70年代，香港快速复兴，地价飞涨，李嘉诚一跃从一个小地产商迅速变成了地产界大亨。

对时局的冷静分析力和敏锐洞察力，对于世界上任何一个投资人而言都是至关重要的。很多成功者都有着相仿的经历，翻看对比录我们便能发现，纽约地产大亨唐纳德·特朗普与李嘉诚的崛起简直是一个模子刻出来的。

20世纪70年代，纽约很多银行倒闭，很多房地产商人都在恐惧："如果纽约这个都市没落，我要如何保住现有的一切？"当时还是纽约一位普通投资人的特朗普却不以为然，而是问自己："当大家都为目前的情况忧心忡忡时，我要如何做，才能致富呢？"于是，他立刻抓住了重大的投资机会，不仅不死守，反而进行大规模扩张，终于一举成为赫赫有名的纽约地产大亨。正是因为特朗普对于时局的正确判断，所以他才能敏锐抓住契机发展，并最终获得成功。

同特普朗一样，李嘉诚正是因为有着对于局势的清醒认识，才没有跟其他小地产商一样选择离开，而是抓住时机，一举巩固并加强了自己的实力。如果没有对时局的清醒认识，相信他必难以在如此短的时间内便跻身地产大亨行列。

Business Develop

一般总说，商场如战场，其实在很多管理和运作的理念上，二者是相通的。

1944年，盟军准备开辟第二战场。以艾森豪威尔为总司令的盟国远征军司令部经过缜密的研究，制订了在诺曼底登陆的"D日计划"，并决定于6月5日实施。希特勒也意识到了盟军将要在英吉利海峡东南岸登陆，但由于情报工作不力，他无法确定盟军将要在英吉利海峡最窄的加莱附近登陆，还是要在诺曼底地区登陆。因此他把兵力平分在加莱地区和诺曼底地区。

可见，这种情况对盟军是十分有利的，也就是说盟军司令部的决策是正确的。但是进入6月份后，决策情势突变，即连日的暴风雨，差点儿使盟军的登陆计划告吹。面对连日的暴风雨，盟军司令部有关专家认真地分析了气象资料，预测到在暴风雨的间隙中，即 6 月 6 日，英吉利海峡将会出现一段好天气，盟军得到此消息后，毅然于 6 月 4 日晚 21 时 45 分下令："D 日计划"改在 6 月 6 日执行。

而与此同时，德军却错误地做出了另一个判断，他们认为，英吉利海峡气候将持续恶劣。因此德军最高统帅部判断，由于天气恶劣，盟军不会实施登陆作战。于是军官休假了，海上与空中的侦察取消，负责守卫诺曼底地区的隆美尔元帅也于 6 月 5 日晨回柏林晋见希特勒，整个德军处于毫无戒备的状态。

结果，6 月 6 日凌晨 2 时，盟军 3 个伞兵师空降到德军防线后方，接着展开大规模海、陆、空协同进攻。凌晨 6 时 30 分，诺曼底登陆成功取得胜利。通过以上案例，我们不难看出，盟军正是由于正确分析并充分利用了形势，才取得了诺曼底登陆的最终成功，而德军也正是由于对决策情势的错误估计而导致了反登陆作战的惨败。

可见，全面分析局势和环境对正确决策是极其重要的。曾国藩说：唯时势能造英雄。确实，商场如战场，对政治局势的正确判断有时决定着企业的生死。而为了提高决策的科学性，就必须了解研究和重视时局在决策活动中的作用，最大限度地提高决策的安全系数。

德鲁克在《卓有成效的管理者》中说道，管理者在决策时必须先从是非标准出发，千万不能一开始就混淆不清。德鲁克认为，对一个决策方案来说，首先应要求它是正确的，也就是说，它可以实现决策目标；如果它不能实现决策目标，那么它就是错误的。

而要想获得正确的决策方案，就必须做好决策形势的分析工作。决策形势是指决策面临的时空状态，也就是我们平常所说的局势或者环境。一个决策是否正确，能否顺利实施，它的影响和效果如何，这不仅取决于决策者本身，同时还直接取决于决策情势，受到一系列自然环境和社会环境的制约。

正如某评论家所指出的，作为企业家，要了解宏观大势，把握经济发展方向制定公司的发展战略。只有洞悉时局，深刻理解并把握市场，才能描绘出公司未来的宏伟蓝图。这样的决策，稍有不慎，即可导致全军覆没，公司多年努力的心血将毁之一旦。在这一点上，李嘉诚有着精到的眼光，历数次时局之混乱动荡而能数十年不倒，且逆风而上，连创佳绩，堪称投资界善于洞察和借势的榜样。

Tizen 系统：
担更低的风险，拿更高的效率

IT 时代，需做的战略调整，是怎样可以使你的效率更高。

IT 时代，其实就是令你所做的实业更有效率，更可以节约时间和金钱。所以，在 IT 时代，需做的战略调整，是怎样可以使你的效率更高，这是 IT 时代最重要的地方。

一般来讲，我们到今天为止，99% 的事业都是具有竞争力的。在过去的时代，通信不太方便，人们的交流也不太方便。在今天 IT 发达的时代，只要在 Internet 上轻按一下，买家便可比较你的卖价，如果跟不上去，一下子就被淘汰了。所以，最要紧竞争力从你自己的基础开始，你的基础搞得好，你的竞争力就强，很多条件也就能配合得好。我常常讲，一个企业跟我们的一块手表一样，不是电子的（而是机械的），一个齿轮坏了，表就停了。在我来讲，我们每个公司既有成功，也有需继续改善的例子。自己哪一方面有比不上人家的，马上改掉。这就是我们经营的方法。

——摘自《李嘉诚谈企业战略》

延伸阅读

2013 年 11 月 28 日，长江实业集团董事局主席李嘉诚表示："除了 Apple（iOS 系统）和 Android 之外，一个全新的操作系统将呈现在大家的眼前。"李嘉诚的这番话引来了众人的关注与猜测。这样的消息并不是空穴来风，事实上，李嘉诚早就为此做出了行动努力。2012 年 9 月，李嘉诚与三星董事长李健熙会面，表示要与三星加强手机与网络方面的合作。

这是一个让双方都非常愉悦的事情。首先，李嘉诚本身就是一个对高科技领域的投资颇为热衷的人，而三星也有着搭建专属于自己的平台的梦想。对于三星的动态，不少业内人士分析，英特尔或许是三星背后的一个巨头，因为英特尔也看中了这一全新的机遇，希望借助三星实现英特尔自身的转型。虽然"移动革命"已经不算是一个非常新鲜的概念，但英特尔在这方面的表现一直不尽如人意，这或许也算得上是英特尔在移动领域的一场"翻身战"了。

李嘉诚在移动领域不仅有着非常丰富的资源，而且有着难以撼动的实力。和记黄埔是全球 3G 运营的先锋，2011 年的初期，和记黄埔就开始布局 4G 网络。从业内的大量消息中我们不难发现，中兴、华为与 Hi3G（和记黄埔子公司）已签署 LTE 商用合同，并且成功地在瑞典、丹麦部署 2.6GHz LTE TDD/FDD 网络。李嘉诚手里有着庞大的运营商资源，自然而然受到三星的热烈欢迎。不管从个人意愿还是客观条件来看，李嘉诚与操作系统厂商一道享用市场蛋糕，这也是再合理不过的事情。

反观三星，根据 2013 年度的 Gartner 报告，三星的业绩非常漂亮，智能手机出货总量达到 8035.7 万部，市场份额达到 32.1%，第三季度搭载谷歌 Android 操作系统的智能手机更是占据了智能手机市场 81.9% 的份额。

这一份漂亮的成绩单并没有宽慰三星人的内心，反而让他们感到了无比的压力。谷歌 Android 操作系统哪怕出现一点小小的变动，对于三星的打击都是非同一般的。关此，三星决定以李嘉诚的投资为契机，整合自己手上的资源，打造一个全新的操作系统 Tizen，以此来刨立一个苹果、谷歌般的生态系统，以让自身获得更多的保障。

值得一提的是，Tizen 系统并不是三星用来向谷歌等宣战的工具，只是从自身安全角度考虑研发出来的一款备用系统，以降低对 Android 系统的过度依赖。Tizen 系统本身也还有很长的路要走，就目前的研发水平来看，还不具备完善的手机应用的生态环境。

那么，李嘉诚为什么要为这样一款备用系统投资呢？李嘉诚能否实现自己投资的目的，用自身的丰富资源来获得投资的效益呢？

毋庸置疑，李嘉诚早就看到了隐藏在这其中的巨大商机。Tizen 系统在研发过程中有着明确的市场定位，走的就是低端机市场，而并非"高大上"的路线。除了传统的手机通讯业务之外，该系统还会借助三星物联网业务与家电业的生产线等网络实现智能手机与传统家电之间的互通，让手机与日常生活紧密地联系起来。这项举措无疑是划时代的，只要条件成熟，迎来的将是井喷式的增长，而且这项技术不仅能够提升传统行业对行业危机的抵御能力，还能通过 IT 对传统行业的促进提升业界的效率。

IT 业绝不是狁自存在的，而是与传统实业之间有着千丝万缕的关系，就目前来说，IT 是助力传统实业提升效率的最高效工具。这样的投资也是能够见到成效的，是有效投资。

Business Develop

伴随着经济的快速发展，"投资"一词渐渐变得火热起来，不管是企业、地区还是国家，但凡要实现快速发展，投资一定是起到决定性作用的因素。然而，"投资怎么投"也是一个人们比较关心的问题。

20世纪60年代中期到70年代中期，巴西经济开始快速增长，整个国家的经济面貌有了质的变化，特别是1968年至1974年的7年时间里，巴西的GDP年均增长11.4%，创造了所谓的"巴西奇迹"。但是，这种辉煌的局面并没有继续保持下去，到20世纪80年代之后，巴西的GDP增速开始大幅跳水，一度趋近于"零增长"的态势。在经历了"巴西奇迹"之后，整个国家的经济进入了"丢失的十年"。

韩国也是一个很好的例子。韩国前总统朴正熙上台之后，大力发展经济，整个韩国用短短的10年创造了"汉江奇迹"，从世界最贫穷的国家之一一跃成为"亚洲四小龙"。然而，集约式的投资使得整个国家产生了大量的呆账死账，1997年亚洲金融危机爆发之后，整个韩国的经济一落千丈，跌至谷底。

以上两个国家的经济增长模式具有典型性。过于集中式的投资模式虽然能够在很短的时间内产生令人瞩目的奇迹，但是随之而来的则是难以把控的负面影响。巨额的投资必然会引发大规模的基础建设，紧接着，债务问题、经济紧缩等问题便可能找上门来。

类似的问题，日本也曾遇到过。1986年12月到1991年2月，受到大量投机因素的影响，日本的经济开始快速增长，经济中的泡沫成分也与日俱增。虚高的数据没有获得相应实业水平的支撑，因此泡沫开始破裂，整个国家的经济由巅峰直接进入一个快速下跌的通道。为挽救经济，1992年至1998年，日本政府连续7年推出减税、增加公共投资、购地等一系列经济刺激计划。为了救市，日本政府加大了财政的投入力度，额度一度超过GDP的15%，公共投资的比重甚至达到50%。事实证明，这些大规模的财政刺激是徒劳的，不但没能将当时日本的经济扭转过来，反而使得国家的财政背上了更重的包袱。到 1996 年底，日本的国债余额达到 244.7 万亿日元。截至 2011 年，日本总债务余额是 GDP 总量的两倍还多。

随着经验的日益增加，人们开始渐渐意识到，现在已经到向投资问效率的时候了。投资是必然的，问题在于怎么投才是最好的。这个问题不仅成为当下各个国家地区的经济议题，也是各个企业公司的经济重点所在。

关于有效投资，李嘉诚特别强调过四个点：不能负债、分散投资、重视现金、及时收益。也正是秉承着这一点，李嘉诚才能在长久的投资中立于不败之地。一切为了彰显财力、实力而进行的投资，最终必然要为自己这种"财大气粗"的行为埋单。

86 岁
也要运筹高科技

传统的行业错不了多少，今
天的决定错了，可以错得非常
离谱。

假如一个方案交来，我认为是不好的话，我还是会非常虚心地
听。有的时候，可能 90％ 和你所想的一样，并不是好的方案，但
其中 1/10 他讲的可能是你不知道的。那么这个事你查了之后，可
能这 1/10 就是成败的关键。所以做人要虚心，肯听人家的话，不
要自以为是。当然，自己作为一家公司的最后决策者，一定要对
你的行业有相当深的了解，不然的话，你的判断力一定会错。不
少的公司因为这个主持人比较容易，就是平常都是马虎一点。一
马虎了，这个公司就是再大，也会撞板，这是今天的时代。今天
跟从前有一点不同，传统的行业错不了多少，今天的决定错了，
可以错得非常离谱。所以说，你要虚心听听人家的意见，还有你
要吸收这个行业专家的意见，仍要加上你自己的知识，才好做一
个决定。

——摘自《李嘉诚谈企业战略》

延伸阅读

说起李嘉诚，几乎没有人不知道的。他是人们心中的成功人士，《福布斯》全球富豪榜上的热门人物。现如今，李嘉诚在香港这片 700 万人口的富庶之地上建立起庞大的家业，在香港地产界中，平均每七套住宅中就有一套的建筑方与李嘉诚有关。除了地产之外，香港近七成的港口物流也与李嘉诚有着千丝万缕的联系。公用事业、移动通讯服务等行业，李嘉诚也占据着不小的份额。可以说，李嘉诚的大半生都花费在实业方面，并且颇有建树。

李嘉诚出生于 1928 年，现年已经 86 岁了。然而，到老的李嘉诚不但没有封固自己的思想与观点，反而与时俱进，关注起了高科技行业。这种关注并不是思想上的一点想法，随之而来的是实实在在的行动。对高科技行业的投资，已经成为李嘉诚的一项重要工作。

在一次访谈中，李嘉诚就自己为什么热衷于科技方面的投资做出了解释：

"85 岁，就不能爱科技吗？我对新科技深感兴趣，令我的心境年轻化。

"我非常喜欢看书，追求最新的科技知识。（谈到除了 Apple 和三星 Android，将来会出现第三个新系统）我时常留意与自己从事行业有关的新信息和发展转变，无论做什么生意，你一定要喜欢它和爱它，这样才有进步。开会的时候，我讲求效率，集团所有业务的数据、现况、前景、问题等都清楚知道。

"18 世纪工业革命由英国开始，21 世纪则是科技革命，不少行业包括国防工业、农业、水利、能源、医疗、生命科技、电讯、互联网等均有突破性的发展，投资机会数之不尽，应接不暇。

"每一天，这个世界都有很多人在思考如何解决问题，所以好的企业不难找，有时我反而会问，为何命中率不能再高些？

"爱因斯坦有句名言：'我成功并非因为我聪明，而是我花了更多时间去思考问题。'今天，只要你想到如何解决难题，你就是天才！

"我经营业务有自己的理想，也有很大的理想去做基金会，因为金钱来得不易。不过，有几个行业即使容易赚钱，我也一定不做。军火我不会做，还有的……不能讲。你明我明，大家都明白！"

李嘉诚在对话中提到了"年轻"一词。当然，值得一提的是，李嘉诚所以热衷于投资行业，是因为新领域能够让他重新发现一片天地，让他的投资事业更加如火如荼，这样一来兴致高涨，整个人的干劲都足了，好像年轻了一般。然而更重要的是，新领域的开拓就相当于新鲜血液的涌入，能够给李嘉诚的企业和事业带来勃勃的生机。人有生命周期，但这个生老病死的周期原则上并不适用于企业，也没有所谓"生命上限"的限制。要造就100年的企业，甚至数百年的企业，就必须为企业灌输源源不断的新事物。现阶段，科技就是让李嘉诚的企业"变年轻"的最佳食物。

Business Develop

现阶段，科技领域成为众多企业竞相争抢的香饽饽，因为众多企业都发现了科技对于企业生命延续的重要意义。

2012年，谷歌风投一共斥资3亿美元先后为150家公司投资，这些公司的经营范围细分起来更是五花八门，涵盖移动应用、生命科技、消费互联、大数据等六大行业。但总的来看，这些行业都有一个共同特点，那就是高科技。

首先，在网络E时代，APP自然是众多E商家的生命线所在，谷歌有自己的 Google Play，里面的应用数量多达数十万个。然而，这些应用大多数都不是谷歌自己研发，而是转交给第三方来制作的。谷歌需要做的，就是从众多的 APP 制作商家中挑选出优秀的，然后进行投资，鼓励其制作出更好的作品，从而实现谷歌与应用制作商之间的利益双赢。

除此之外，谷歌对于清洁能源方面也是钟爱有加。虽然投资的对象并不多，但是谷歌的每一笔投资都是阔气不凡，最夸张的一笔莫过于花费 2.8 亿美元投资了太阳能公司 Solar City，而谷歌在这一行业的总投资额更是直逼 10 亿美元。

谷歌为什么这么做？是为了树立自身的良好形象，充当环保卫士吗？是为了赢得包括员工在内的众人的口碑吗？当然，如果为了某些特殊的需要，上面的问题回答"是"也没有问题，但真正的原因是谷歌在这其中尝到了甜头。

虽然全球已经步入 21 世纪，在这个新的世纪中，世界各国搭乘着科技的快车正快速地朝未来驶去，但驱动世界经济快速发展的仍旧是传统的能源。这些能源都是有限的，随着消耗能力的日益提高，留存的传统能源将会越来越少，因此消耗传统能源需要支付的成本也日益增加。谷歌本身就是一个能源消耗大户，日益增长的能源消耗成本必然会使谷歌背上沉重的运营成本负担。为了让自己在新世纪中跑得更加轻松，谷歌决定投资清洁能源，从而达到为自己"瘦身"的目的。

据谷歌公布的数据显示，谷歌全球能源消费达到 2.6 亿瓦特，而其中能耗最高的要数谷歌的数据中心了。这是一笔多大的能源消费量？我们从数据上或许难以体会，我们可以做一个这样的转换：美国弗吉尼亚州首府里士满市内的所有家庭用户用电量大致与此相当，如果有 4 个谷歌这样的企业，为了满足他们的能源消耗量，可能需要专门为这 4 个"谷歌"修建一座标准核电站。

谷歌对美国太阳能发电厂进行投资，使得太阳能发电厂的平准化发电成本（LCOE）下降了28%，太阳能电池板的价格在过去5年中下降了80%。光是在数据中心这一处实现的节能计划，已经为谷歌节省了近10亿美元的能源成本，仅仅这一项节约下来的资金就占据了2012年谷歌营收业绩的2%。

让企业变"年轻"的方法有很多，投资新的领域，让公司获得新增长点是一个方面，另外一个方面就是像谷歌这样，通过投资降低自身的运营成本，让企业减轻负担。

收购赫斯基：
未来的机遇是可以预见的

分析报道只能用来参考，拿定
主意还是要自己的亲自思量。

20 世纪 80 年代时，中东国家和美国有分歧，石油供应紧张。那时我就想：加拿大有石油，政治环境相当稳定，就趁赫斯基亏蚀的时候把它买过来。

…………

虽然有市场分析指出，油价将会跌至每桶 80 美元，但我对石油资源未来前景仍抱有很强的信心。除非可找到取代石油的能源——这一点说比做到容易——否则石油价格在未来数年仍会高企。

——摘自《李嘉诚自传》

延伸阅读

20 世纪 70 年代先后爆发了两次石油危机，整个世界范围内的油价陷入了低谷，众多商家开始从石油行业撤资。然而，李嘉诚逆潮流而动，出资收购赫斯基石油公司。这令当时很多人大惑不解。当时，石油价格低迷，人们对石油投资的信心低迷，唯恐避之而不及。李嘉诚的大手笔使其在加拿大名声大噪，香港工商界也为之瞠目结舌。

赫斯基石油公司的家底还是非常雄厚的，它是当时加拿大一家主要的独立能源公司，其业务主要是生产和经营石油及天然气，并对加拿大境内5000余口石油及天然气生产井享有开采权，且其中约40%由该公司拥有。同时，赫斯基石油公司还占有重油精炼厂26.67%的股权以及343间汽油站。但是，正是这样一家实力雄厚的石油公司，受国际大环境以及其他因素的共同影响，出现了资金周转困难的窘境，整个公司难以维持正常运作。

为了不让企业倒闭，赫斯基开始向外界寻求援助，加拿大政府为此也出面予以协调。1986年12月，经加拿大帝国商业银行从中牵线，李嘉诚通过家族公司、和黄，斥资32亿港元收购赫斯基石油公司52%股权，赢得了控股地位。其中，43%股权被和黄与嘉宏国际合组的联营公司Union Faith购入，9%股权则由李嘉诚的长子李泽钜占有。此外，李嘉诚拥有9%股权的加拿大帝国商业银行也购入赫斯基5%股权。

为什么要收购赫斯基呢？李嘉诚认为，20世纪80年代时，虽然中东国家和美国之间发生了分歧，石油供应紧张，但加拿大本身不缺石油，而且政治环境相当稳定，加上赫斯基本身的家底并不差，买下赫斯基绝对不会是一桩赔本买卖。当然，这里面也掺杂了个人感情，因为李嘉诚对加拿大有着独特的感情，与赫斯基的前总裁之间也有着非同一般的交情。

两年之后，李嘉诚在石油行业又有了新动作。1988年6月，李嘉诚以3.75亿加元的大手笔全面收购加拿大的另一家石油公司Canterra Energy Ltd.。这项举措，直接使得赫斯基能源的资产值在原有的20亿加元基础上翻了一番。1991年10月，赫斯基能源的另一名大股东Nova集团宣布撤离，李嘉诚家族以17.2亿港元将Nova集团所持的43%股权收购，从而占据了赫斯基能源的绝对控制权。截至此时，李嘉诚对赫斯基石油的总投资数额高达

80 亿港元，拥有的股权已经增至 95%，其中李嘉诚个人拥有 46%，李嘉诚属下的和黄、嘉宏两公司共拥有 49%。

"世界石油价格短期内不会有太大升幅，长远来说可以看好。"这是李嘉诚收购赫斯基时做出的预言，多年之后的事实也证明这一预言的准确性。在李嘉诚的经营下，如今的赫斯基早已不是当年的赫斯基，不仅早早地摘掉了亏损的帽子，并于 2000 年 8 月在加拿大多伦多证券交易所上市，业务范围也大幅度扩展，包括上中下游的勘探生产原油、精炼合成原油以及分销汽油等。

多年前的远见为李嘉诚带来了丰厚的收益。据悉，李嘉诚仅仅这一个项目就收获了 65 亿港元。然而，事情并没有到此结束，国际油价自从石油危机之后便一路看涨，李嘉诚当年的一个举动，影响还将持续到未来。有人将李嘉诚的这次收购称为"李嘉诚一生最伟大的投资"。

2004 年末，国际油价首次突破 40 美元一桶。李嘉诚开始将视线转移到曾经被人们忽视的油砂上。油砂是一种混合物，成分包含沥青、沙石、水和黏土，经过萃取才能分离出沥青，加工成品质好的合成原油，根据当时的技术，大约两吨油砂可以炼制一桶合成原油，而且根据测算，赫斯基能源油砂的开采及生产成本大约为每桶 10.7 ~ 12.59 美元，提炼成本大约为 2.52 ~ 2.94 美元。因此，油价只要高于每桶 20 美元，就有赢利空间。这便成为赫斯基当时的一个重点项目。

截至 2008 年上半年，赫斯基能源一共为和黄贡献了 85.4 亿港元的利润，这笔资金占和黄固有业务赢利额度的 28%，一举成为和黄的中流砥柱。然而，赫斯基的脚步并没有至此停下。

为了进一步扩展资源，提升综合生产能力，2007 年 12 月，赫斯基与英国石油（BP）达成协议，以各占 50% 权益实现了并购，成立针对油砂开采及下游炼化的合资企业。与此同时，赫斯基能源将 50% 权益出售，获得

31.2 亿港元的利润。

针对收购赫斯基能源公司这一"一生中最伟大的投资",外界的评价众多,有猜测李嘉诚投资原则的,有发掘投资幕后故事的,而更多的莫过于对李嘉诚独到远见所发出的赞赏。

Business Develop

所谓"远视",就是对未来的预测,成功的远视就是对未来的成功遇见。提到这个话题,就不得不说到世界上"最有远见的国际投资家"——吉姆·罗杰斯。

2013 年初,受到全球金价下跌的影响,中国国内掀起了"买金狂潮",众多"大妈"更是倾囊购买,一度让"大妈"成为世界流行词汇。然而,金价在此之后仍旧一路走低,这让众多的投资者失望不已。对此,罗杰斯在 2013 年 11 月表示:"现时不要做黄金交易,在未来几年都不要投资黄金。不过,由于国际货币贬值,最终还是会让黄金的价格变高。"

罗杰斯的预见到底是否准确呢?我们目前仍旧不得而知,但从过往的情况来看,罗杰斯的确有着他过人的本事。自 22 岁从耶鲁大学毕业之后,他便在华尔街开立了人生的第一个股票账户,自那以后,罗杰斯就频繁地出现在商界人士的视线里。世界资本的市场中,哪里有钱可挣,哪里就有罗杰斯。1970 年罗杰斯与索罗斯共同创立了量子基金,仅仅用了 10 年时间,收益率便飙升到破天荒的 4200%。之后,他的足迹走到哪里,经济的指数就在哪里飙升。1973 年,罗杰斯去了巴西,巴西的市场在几年内翻了 10 ~ 15 倍。1981 年,罗杰斯去了德国,5 年间,德国的股市涨了 2.5 倍。1984 年,罗杰斯去了奥地利,奥地利的市场一年内飙涨了 125%。似乎哪里有罗杰斯,哪里就有神话出现。

他究竟厉害在哪里？那就是他的预见性。2008年12月，罗杰斯以1600万美元的价格将自己生活了31年的别墅卖掉了，然后定居亚洲，开始转战中国市场。这一举动让当时的很多美国人难以理解。罗杰斯对此表示："美国20世纪八九十年代的牛市盛宴已经到头，现在已是全球最大的债务国，巨额债务还在以每年一万亿美元左右的速度加速增长，经济铁定陷入衰退。"事实如何呢？2008年，全球发生金融危机，美国虽然在国内推出了救市措施，但2009年美国的经济仍然处于下行通道之中，工业生产大幅下滑，GDP增速急剧下降。2010年，美国经济虽有回暖的意向，但失业、房地产和债务问题依旧深深缠绕着美国的经济，束缚着美国快速发展的脚步。

那么，罗杰斯未来打算投资什么？2013年10月，在接受《巴伦周刊》的采访中，罗杰斯表示，未来几十年内，农业都会是最佳的投资对象。现在，世界上的粮食储备并不充足，年纪大一点的农民或者面临退休，或者不久于人世，而年轻人中少有人愿意从事农业生产，但世界对于粮食的需求越来越大，这样一来，必然推动粮食价格的大幅上涨。因此，这段时间里，农业将会成为吸引劳动力、管理人才和资金的重要领域，否则，全世界都将面临"粮荒危机"。

当然，罗杰斯的历史是辉煌的，近年论断的结果只有留待时间来验证。但罗杰斯给我们的启示在于：投资就是要从趋势中发现未来的商机，用趋势为今天的计划拍板。

双赢之道：
让今天的利，赚未来的钱

　　对方无利，自己也就无利，
要舍得让利，最终才能让自己
得利。

　　有钱大家赚，利润大家分享，这样才有人愿意合作。假如拿
10% 的股份是公正的，拿 11% 也可以，但是如果只拿 9% 的股份，
就会财源滚滚来。重要的是首先得顾及对方的利益，不可为自己斤
斤计较。对方无利，自己也就无利。要舍得让利，使对方得利，这
样，最终会为自己带来较大利益。

——摘自《李嘉诚的财富之道》

延伸阅读

　　李泽楷是李嘉诚的次子，现任电讯盈科主席，1989 年从美国返港的李
泽楷就职于和黄集团，仅仅用 10 年的时间便在事业上创造了辉煌成绩。他
的成功和父亲李嘉诚的教育是分不开的。曾有人问他"你的事业如此成功，
是不是父亲传授了一些赚钱秘籍"时，李泽楷引用了父亲教育过他的一句话：

"如果可以赚十分利，我只取九分，把一分让给对方，这样皆大欢喜，生意越做越顺利，越做越长久。"

李嘉诚做生意就是秉承着这点，宁可自己吃亏，换来的却是别人的信任和再次合作的机会，最终得大利的还是自己。

有一次，李嘉诚接受一家媒体采访时被问到经商多年最引以为荣的事情是什么时，他谈起 20 世纪 70 年代由他带领的长江实业集团在刚刚起步的阶段曾击败置地，投得地铁公司那块位于中环旧邮政局地皮的往事。20 世纪 70 年代，长江实业击败了当时在香港最有实力的地产大鳄，最终竞标成功夺得当时市值约 2.4 亿港元、30 个大财团争相竞投的中区地段邮政总局地皮，媒体称此次竞标成功为"华人的光荣"。李嘉诚在"邮政总局大厦竞标案"中的成功，奠定了长江实业成为香港第一大地产公司的位置。

中环地铁站是香港最繁华的政治文化中心，不仅有全香港最繁华的金融街，周围还有香港政府公署、最高法院、海军总部、红十字总参会及文物馆等著名建筑。因此，这里是全香港地产商无不垂涎欲滴的地皮。从 1975 年香港地铁公司成立开始，李嘉诚就密切关注任何与地铁相关的资讯，其中就包括最重要的招标与开发计划。1977 年，香港地铁公司开始招标，原址拆迁后重新盖地铁周边物业，这一计划吸引了 30 家地产商，置地也在其中，而置地是当时被最为看好的一家竞标集团。李嘉诚也加入了这场竞标的活动中，除了丰厚的利润，他更看重长江实业在此次竞标中的声誉，他下了即使破釜沉舟也要做一次正面的交锋的决心，若一旦中标，长实的声誉会一路上升，这是长江实业跻身第一流地产商的极好机会。当时的长实和那些地产巨头比起来显得默默无闻，为了取得这次成功，李嘉诚做了周密的前期调查，他发现地铁公司以高利息贷款支付地皮，公司内部现金严重匮乏，急需现金回流以偿还高额贷款，同时希望获得更多的利润。但此时的李嘉诚和长江实业，资金实力都不是最强的，尤其是面对像置地这样强劲的对手。所以李嘉诚决定冒一次险，紧急筹备资金，并与地铁公司商洽时提交了这样一份提议：满足地铁公司继续现金的需求，长江实业公司提供现金做建筑费，待商厦建成后出售，利益由地铁公司和长江实业分享，地铁公司占51%，长江实业占49%，最后如果出售与预期不符，所有的亏损由长实独自承担，并且允诺按时交接，绝不拖延。这样的提议对长实是一次冒险也是考验，但地铁公司被吸引和打动了。最后李嘉诚中标，他带领的长江实业也成为全香港最有实力和声誉的地产商。

在前面的竞标案中，看似李嘉诚占了弱势，与自己的投入相比少分了一点钱，也许在当时很多人都觉得李嘉诚吃了亏，但事实上李嘉诚有他自己的一番道理，他说："我有很多合作伙伴，合作后仍然来往，有时候吃点亏往往可以争取到更多人愿意与之合作的机会，你要先想到对方的利益，然后思考对方为什么要和你合作，然后再说服他，跟自己合作不仅有钱赚，而且还有下次合作的可能。"如果一单生意只有自己赚，而对方一点不赚，这样的生意绝不能干。

可见，这种舍得让利自己才能得到利的处事方法实在是很高妙，它显示了李嘉诚的风度和气量，很多合作者欣赏他的气量才愿意长久地与他合作下去，而只有长久稳定的合作才更有利于集团的稳健发展。

"我觉得，顾及对方的利益是最重要的，不能把目光仅仅局限在自己的利上，两者是相辅相成的，自己舍得让利，让对方得利，最终还是会给自己带来较大的利益。占小便宜的不会有朋友，这是我小的时候母亲就告诉我的道理，经商也是这样。跟我合作过、打过交道的人，都是智囊，数都数不清。不怕没生意做，就怕做断生意。"李嘉诚最后总结道。

Business Develop

关于让利才能得利的例子，商界也有很多非常好的例证。

2008 年的全球金融危机给众多企业带来了不小的麻烦，华为也难以逃脱这次全球金融危机的影响。面对大环境带来的负面影响，任正非在 2009 年初华为公司的一次内部讲话中，提出了一个很有意思的新理念，叫作"深淘滩，低作堰"。"深淘滩"就是多挖掘一些内部潜力，确保增强核心竞争力的投入，确保对未来的投入，即使在金融危机时期也不动摇；"低作堰"就是不要因短期目标而牺牲长期目标，多一些输出，多为客户创造长期价值。"深淘滩，低作堰"是对华为商业模式的一种概括。

高科技企业"高投入，高回报"传统商业模式早已深入人心。当科技企业持续在研发上高投入，形成了一定的成本优势，企业无不正大光明地把高回报装入袋中。有些巨无霸企业一旦形成垄断，还千方百计地制造壁垒，压制创新技术的应用。任正非不认同这样的做法。中国电信 CDMA 网络工程招标，朗讯、阿尔卡特、北电等巨头纷纷投出 70 亿 ~ 140 亿元的标，而华为只报了不到 7 亿元的超低价。一时间华为"裸奔""不正当竞争"等评论铺天盖地，而任正非对此很是很淡然。他认为这既是华为成本优势地头力的集中体现，又是华为一贯经营战略的具体体现。

除了在技术方面革新，使自身具有更强的硬性竞争力之外，华为还注重对自身软性竞争力的提升。秉持着"低作堰"的运营理念，华为与运营商形成共生的关系，用低价减轻运营商的成本压力，让利给运营商，赢得其长期信任与合作，最终定能取得合理回报。

主动让利降价，不在价格上给对手以可乘之机，这是一种面向长远的"双赢投资"。首先，让出的利润，本身就可以视为一种对对方的投资，这其实是一种"以小搏大"的理念，以当前的小利，搏未来的收入，既在当前惠及了他人，又在未来惠及了自己。这种以退为进的思路，每一位企业运营者都应该结合自身企业的实际情况加以思考，把握让利的度，确保企业获得最大的利益。

第三章

"危""机"并存：谨慎经营，伺机而动

拼在谨慎——在危险下谨慎保身，在机遇下放手一搏，武拼蛮斗就是将未来拱手相让。

从 3G 到 4G：
适时就是机遇，前后都是危机

> 投资 3G 并非赌博，临时的撤退更不是对其缺乏信心，只是保存财力罢了。我深信 3G 最终一定会取得重大成功，因为这是大势所趋。

我们投资 3G 并不是赌博的行为，这样想的人也是大错特错的。对我们来说，3G 是一项策划周详的业务，并已获得银行融资。现有 4000 多名员工正夜以继日地工作，把这项先进的科技发展为崭新的服务，并于短期内推出。

3G 融合了有史以来两项最强大的消费科技：既有互联网的互动能力和资讯深度，更兼具流动通信的便利和沟通功能。一个小小的手机，便集合了众多的功能和设备。据了解，我们有不少对手退出，主要是基于他们自己公司财务上的考虑，并不是对 3G 的科技缺乏信心。我本人深信 3G 一定能取得重大的成功。

——李嘉诚接受《Bloomberg Markets》的专访

延伸阅读

21 世纪初期，3G 服务的市场风险仍然充满了不确定性，未经广泛试验的技术、昂贵的成本都加剧了商业风险，3G 时代更是被当时的欧洲视为"泡沫时代"。可以说，当时的 3G 就是一个充满了未知风险的危险区。运营商们要么负债累累，要么中断对 3G 业务的投资。可就是在这个时候，和记黄埔宣布于 2002 年中期在欧洲推出 3G 业务。李嘉诚的这一举动，无疑又让很多人看不懂了。然而，眼光独到的李嘉诚瞄准了这一机遇，认为竞争对手的纷纷延迟实际上为和黄提供了有利的发展时机。

1999 年，和黄蓄势待发，准备进军全球 3G 业务。

李嘉诚经过镇密的分析选择欧洲作为进军 3G 领域的主战场，在他看来，欧洲市场具有超前的消费理念、稳定的政策等有利于 3G 开展业务的多种优势。由于 3G 领域是绝大多数运营商噤若寒蝉的雷区，3G 牌照自然也不受欢迎。既然如此，李嘉诚为什么还要这么做呢？

原来，这只是李嘉诚的一次预热而已。他或许比任何人都更加清楚，一个新的业务领域能够提供施展拳脚的良机，同时也充满了难以预测的风险。李嘉诚的和黄在满怀信心地进军欧洲市场的同时，也并非对可能存在的风险毫无戒备。李嘉诚通过慎重的分析也预测到泡沫经济可能会殃及 3G 业务的发展，果断决定退出在当时前景甚忧的 3G 市场。2001 年以后，欧洲的 3G 牌照拍卖是热点，英国、德国、法国、波兰、瑞典等国都相继拍卖 3G 牌照。和黄当时积极拓展欧洲的 3G 业务，正热衷于拍得 3G 牌照，已经顺利取得英国的 3G 执照。就在包括和记黄埔竞拍德国 3G 六份营业执照的时候，李嘉诚果断决定退出德国的拍卖。此外，他还将和记黄埔在德国电信执照中所持有的股份卖给了荷兰和日本。

在逆市中出手，又在逆市中收手。李嘉诚这种"一张一弛"的做法再度引来了人们的高度关注。有人认为，李嘉诚的退出会丧失建立欧洲大陆3G业务的机会。有人则批评和记黄埔的投资政策，失去这次机会就很难在全球3G电信领域中扮演重要角色。不过，后来的事实正如李嘉诚所料，3G业务的发展陷入了困境。李嘉诚及时、果断地退出竞投3G营业执照，也规避了有可能遭遇的巨额花费，是极其明智的。

实际上，李嘉诚只是暂时退出3G营业执照的竞投而已，他临时性收手只是为了不让自己卷入危机之中，而对于3G业务，他打心底里没有放弃过。

2003年3月10日，正当欧洲3G发展跌至低谷，和黄再次反其道而行之，声明注资6.5亿英镑继续发展欧洲3G业务。因为接纳的是不受人欢迎的东西，所以李嘉诚几乎是以抄底价拿下了这项业务。10月份，和黄与英国电信签署了一亿欧元协议，和记黄埔的3G网络将在爱尔兰建立并运营。2004年初，和黄在香港正式推出了3G服务。

2005年和黄已在全球范围内广泛推出了3G业务，诸如英国、意大利、香港地区、澳大利亚、奥地利、丹麦和瑞典等国都有和黄的业务，共有逾103.8万的3G客户。和黄的赢利自然也非常可观，仅3G业务在英国、意大利的ARPU分别为45英镑、42欧元，奠定了和黄作为全球3G当之无愧的领导者地位。2006年，和黄在越南也展开了电讯3G业务。和黄在3G业务上的全球扩张模式一路披荆斩棘、勇往直前。虽然和黄在3G业务上也曾经出现亏损，但其业绩也是可圈可点。2004年的净亏损384.5港元。2005年，和黄3G业务运营亏损下降为362.8亿港元，有所好转。2006年上半年，3G业务税前亏损为119.9亿港元，较2005年同期的200.2亿港元的亏损继续有所收窄，减幅达40%。2007年下半年，和黄财报显示，3G业务EBITDA持续上升，终于首次录得正数EBITDA的纪录，同时达到现金流目标；收入总额上升18%，达到599.09亿元；客户也逾1760万，人数增加20%。

这一持续上升的势头还是没有敌过金融危机的影响，3G 业务也因此而遭遇到严重的困境。2009 年全年和记黄埔 3G 业务不仅自身亏损 52.81 亿港元，还拖累和黄在 2009 年期内净利润仅 141.68 亿港元，同比增长 11.7%，增长缓慢，触及市场预期的底部。根据花旗集团的统计数据显示，和记黄埔 2009 年全年只会实现盈亏平衡，旗下和记电讯"3"公司当时 2600 亿港元的资产市值折现价值仅为 900 亿港元。是继续坚持，还是见好就收？李嘉诚再次面临出手与收手的抉择。

经过仔细的分析，李嘉诚最终选择了坚持。因为李嘉诚在亏损之中仍然看到 3G 业务的巨大发展潜力，对 3G 业务仍然投入巨额的成本。2009 年，和记黄埔在 3G 项目上投入巨额资金，斥资数百亿美元，占其总资产将近 30%。但是，巨额投入没有得到赢利。其中，3G 最典型的应用当属无线上网，从 2008 年就是各大市场的主打项目，然而，很难在短期内看到经济回报。这个项目，2008 年亏损 157.92 亿港元，2009 年 EBITDA 亏损 1.76 亿港元，也仅仅是有所收窄。对此，李嘉诚仍然对 3G 业务的发展给予了积极的评价，曾经表示该业务 2009 年"实则进步不小"，3G 业务由零开始，发展至今客户数量已逾 2000 万，"实在很不容易"。

随着技术的进一步发展，4G 很快被提上了新的议程，赶"高科技"趟儿的李嘉诚自然没有放弃对 4G 的把控。和以往一样，4G 虽然是新时代的产物，前途一片光明，但中途难免会遇到波折。李嘉诚可以说是为开疆 4G 做足了准备，携手中兴、华为，在仍旧充满诸多未知的科技道路上迈开了前行的脚步。

Business Develop

在出手与收手之中前进，换言之，就是懂得"以退为进，见好就收"的道理。

西武集团是世界上赫赫有名的企业，它的掌门人堤义明连续两年登上《福布斯》企业家财富榜的榜首。纵观西武集团的发展史，堤义明在地产业的投资活动中"收手"，是当时最不被人理解，如今又被证明是最明智的行为，成功地保全了企业在今日的发展。

20世纪60年代的时候，日本工业进入全盛时代。当时，整个国家内的工商企业都呈现出一片蓬勃发展的态势，全国地价开始飞涨。对地产公司或与地产业务有关的公司来说，这无疑是个淘金的好时机。可就是在这个时候，堤义明却做出了一项惊人的决定："西武集团退出地产界。"整个日本的企业界都为此震惊，那时，做土地投资就像印钞票啊！这时有人开始怀疑堤义明的能力，有人还开始中伤堤义明，说他只知道靠着家业生活，他的高层主管也对他失去了信心。

为此，公司还专门召开了一次专题会议，讨论是否投资地产业，堤义明在会议上面对经验比他丰富、年龄比他大的高层主管这样说："现在土地投资的好时机已经过去了。什么都要讲求平衡，现在大家一个劲儿地炒地皮，结果只能把正常的状态搞坏，我想，过不了多久就会出现失衡的大问题。"

当时西武集团拥有的土地数量是日本最多的，可是在地皮行情最好的时候放弃地皮投资，并不是因为他已经握有大量的土地，而是因为他搜集到了足够的情报。分析表明，土地供过于求，地产业的景气只能够维持几年，只有及时收手，才不会在大灾难来临的时候一败涂地。堤义明的想法不久就得到了验证，很多地产投机者纷纷陷入困境。1974年之后，当其他企业还没有从地产投资失败中恢复元气时，他已经大举进入酒店业、娱乐场、棒球队等多个行业，在全日本刮起了一股"堤义明旋风"。

作为企业管理者，在面对短期利益的时候，要懂得压制内心的冲动，要有长远的目光，追求企业的长久发展。要做到这一点，最重要的一点就是懂得以退为进，见好就收。

危机就是
戴着危险面具的机遇

危机让我体会到了痛苦，但我
也因此学会将它转化为上天交付给
我的经验、智慧与财富并且服务于
社会。

　　我成长在战乱中，回想过往，与贫穷及命运进行角力的滋味是
何等深刻，一切实在是好不容易的历程。从12岁开始，一瞬间已
工作六十六载，我的一生充满了挑战，蒙上天的眷顾和凭仗努力，
我得到很多，亦体会很多。在这全球竞争日益激烈的商业环境中，
时刻被要求要有智慧，要有远见，要求创新，确实令人身心劳累。
然而尽管如此，我还是能很高兴地说，我始终是个快乐的人，这快
乐并非来自成就和受赞赏的超然感觉，对我来说最大的幸运是能顿
识内心的富贵才是真的富贵，它促使我作为一个人、一个企业家，
尽一切所能将上天交付给我的经验、智慧和财富服务于社会。

　　我常常想知道，如能把人类历史中兴衰递变的一切得失细列在
资产负债表上，最真实和公平的观点会是什么？今日，经济全球化
进程带来的种种机会会引向何方？对贫富悬殊加剧的担忧，价值观

的冲突带来的无奈，谁能安然无虑、处之泰然？人类能否凭仗自己的力量克服及超越自然环境的困局和疾病的痛楚？在充满分歧的世界中，个人的善意、力量和主观愿望是否足够建造一个公平公正的社会及为每一个人的明天带来同样的希望？

——李嘉诚在新加坡接受"马康福布斯终身成就奖"致辞

延伸阅读

1957 年，刚刚走出困境的长江塑胶厂正在如火如荼地生产塑胶花。一天，正当李嘉诚和几个技术人员在寻找新配方配置调色时，一个工人神色慌张地走进来，说道："不好啦，有人在外面拍照，扬言要搞垮我们厂！"

李嘉诚一惊，随即走出车间，看见有几个人正在对着厂房拍照。工人们义愤填膺，要去抢下相机。李嘉诚却平静地说："大家干活去吧，现在拿下他们的照相机，明天他们还是会来的，他们是不达目的不会罢休。"然而，当时尚年轻的李嘉诚只不过是强按自己的情绪，他知道树大招风，长江塑胶厂最近出了不少风头，当然也发生了些危机，不过幸好他的及时挽救使得长江塑胶厂转危为安。此刻他很清楚这次事件若处理不好，将是长江的一个大灾难。果然很快，报纸刊登出《且看李嘉诚破旧的塑胶厂》的负面新闻。兵临绝境，李嘉诚突然灵光一闪，找到了破解之法。

李嘉诚背上一袋自己厂生产的塑胶花，拿着这张报纸走访了香港上百家代理商，他要用事实来说话。李嘉诚的坦诚打动了许多人。诚然在创业阶段，李嘉诚的厂子是破旧的，李嘉诚本人也似乎是穿着不讲究甚至不修边幅的，但就是有着这样简陋生产条件的工厂制造出如此精美的塑胶花，不少代理商因此对李嘉诚及他的厂刮目相看，还到厂里参观订货。这样一来，长江塑胶厂不仅没有因此受到影响，反而业绩更好了。

李嘉诚用他的精明妥善地处理了这个棘手的问题，见招拆招，把一场危机化为生机。在 1996 年的《福布斯》全球富豪排行榜中，李嘉诚以 106 亿美元的身家位居香港富豪第三位，排名前两位的是李兆基家族和新鸿基郭氏兄弟。1997 年亚洲金融危机爆发，来势汹汹，致使很多富豪的财富蒸发。李嘉诚则以其敏锐的判断、冷静的分析，身价反倒逆市上升，财富在两年内迅速暴涨，在 1999 年首次登上了香港富豪的榜首。

2007 年，《福布斯》杂志公布了该年度的全球亿万富豪排行榜，李嘉诚以 230 亿美元的财富位居香港首富，居全球第九位，相比 2006 年提升一位。他此时的财富相比位居第二的李兆基的 170 亿美元多出 50 亿美元。此后美国次贷危机爆发，但是令人刮目相看的是，李嘉诚在 2008 年《福布斯》香港富豪榜仍然位居首富，个人财产高达 320 亿美元，相比较 2007 年增加 100 亿美元，成为排行榜中个人财产增幅最大的富豪。《福布斯》在 2010 年初公布了 2009 年的香港富豪排行榜，李嘉诚仍以 162 亿美元的身家位居榜首。2008 年美国的次贷危机引发了席卷全球的金融危机，受其影响香港经济也陷入困境，股市大跌，市场低迷。向来备受关注的香港富豪们也在劫难逃，身价大幅缩水。从排行榜来看，由于受到金融危机的冲击，香港排行前 40 名的富豪平均身价缩水过半，甚至李嘉诚也不例外，身家缩水 1200 亿，但是仍然蝉联首富之位。

在数次经济危机的冲击下，相比那些在经济危机中惨败的人来讲，几乎每次遭遇危机时，李嘉诚都能运筹帷幄，力挽狂澜。人们被李氏的超凡智慧所折服的同时，也不禁心生疑问，李氏在危机中的致富良方到底是什么？实际上李嘉诚危机中实现财富暴涨的秘籍并不深奥。相反，他仅仅采用了看起来极为朴素而简单的策略。而这些策略炉火纯青地运用，总能使得李嘉诚在经济危机袭来时化险为夷，始终屹立不倒。

他的高明之处就在于以不变应万变，往往在市场没有出现明显的下降趋势的时候就通过多种渠道快速回笼资金，尤其是对那些有可能贬值的资产要迅速清仓变为现金。一旦遇到市场行情变坏，就不会为无法套现而陷入窘境。李嘉诚对现金流的高度重视，业内流传甚广。他经常说的一句话是："一家公司即使有赢利，也可能破产，但一家公司的现金流是正数的话，便不容易倒闭。"

李嘉诚在经济危机中一直信奉"现金为王"的信条。这一理念是李嘉诚能够在经济危机时保证资金流动和企业正常运转的有力保障。从某种程度上可以说，是否持有现金是经济危机时关乎企业生死的关键因素。李嘉诚非常清楚、明智地意识到了这点，往往会采取多种方式加快套现。尽管李嘉诚旗下的企业资产庞大，横跨多个行业，但是他始终遵循"高现金、低负债"的策略，以保有资金来应对瞬息万变的市场行情。

李嘉诚对自己的秘诀并不避讳，曾经谈到，"用各种各样的办法创造稳定的现金流是一些企业多年积累的成功经验"。他旗下的公司一般都呈现出稳健的财政状况以及低负债率的特点。李嘉诚在经济危机中密集套现的理由就是信奉"现金为王"的制胜法宝。也正是因为有了这样一个万能的法宝，李嘉诚才能见招拆招，把危机转化为企业的生机。这并不是李嘉诚的专利，每一个商人、企业都可以学习。

Business Develop

2008年，全球金融危机爆发，全球经济受到重创，首当其冲便是西方国家的生产企业，很多大牌企业开始出现资金周转不良、产品滞销造成积压等局面，甚至有个别企业爆出了破产的消息。

一些面向海外市场的中国企业也受到了不小的冲击。江苏天工集团是国家机电产品出口基地企业之一，全球金融危机的爆发也给它带来了一定的困扰。2008年，天工集团的美国订单数量较前一年相比有了明显的下降，由于同年德国方面的订单稍有提升，使得天工集团从总体上来看没有受到非常严重的影响。但全球市场的整体低迷，必然给天工带来了不小的压力，如何在金融危机的背景下让企业立于不败之地成为天工集团首要考虑的问题。最终，天工集团决定在危机下重整自身的实力，提升产业链，扩大市场占有率。

2008年12月，江苏天工集团成功将肯纳"百事通"收购到自己名下。肯纳"百事通"是英国工业级市场的顶级品牌，也是天工在欧美市场强劲的竞争对手，有着160多年的历史。肯纳"百事通"的加入，无疑提升了天工的竞争力。当时，全球众多企业都处于萧条衰败期，而天工集团却逆势而行，各项指标不降反升，相对于2007年而言，天工集团的指标增幅平均达到了30%。在经济危机的影响下，天工集团以抄底的价格收购海外企业，用相对低廉的成本完成了市场的扩张，成功地将危机变为商机。

危机不过是戴着面具的机遇而已，只要适当调整好自身的企业状况，以正确的心态去正对，不论是大环境的危机还是企业自身出现的危机，都能得到很好的化解。

审慎化危机：
迅速决定，而后步步为营

　　"审慎"也是一门艺术，是
能够把握适当的时间做出迅速的
决定。

　　我常说"审慎"也是一门艺术，是能够把握适当的时间做出迅速的决定，但是这不是议而不决、停滞不前的借口。

　　经营一家较大的企业，一定要意识到很多民生条件都与其业务息息相关，因此审慎经营的态度非常重要，比如说当有个收购案，所需的全部现金要预先准备。

　　我是比较小心，曾经经过贫穷，怎么样会去冒险？你看到很多人一时春风得意，一下子就变为穷光蛋，我绝对不会这样做事，都是步步为营。

　　有一句话，我牢牢记住："穷人易过，穷生意难过。"你再穷，你不能吃好的白米，你可以买最便宜的米，还是可以过，人家吃肉，你可以吃菜，最便宜的菜；但是穷生意很难，非常难。所以小心翼翼，可以讲如履薄冰。

　　　　　　　　　　——李嘉诚接受《全球商业》的专访

延伸阅读

李嘉诚一贯善于人弃我取，逆势而上，似乎他在无形中总能把握经济的动向，他从来不做盲目随大溜者，一旦经过审慎分析之后做出决定，便会坚守到底，并不去理论别人的言论，在喧嚣之中有着自己的冷静定夺。比如投资地产、辗转电讯、投资石油等，这些早已堪称经典案例的成功确实充分地显示了他精到的投资智慧，认准方向，绝不盲从。或许可以说，这才是他能够从众多商人中脱颖而出的原因。

和黄集团的行政总裁马世民在会见《财富》记者时说："李嘉诚是一位最纯粹的投资家，是一位买进东西最终要把它卖出去的投资家。"事实就是这样的，李嘉诚在商场的角色有一种优势——冷静、耐心。盲目跟随别人意见行动的人是非常可悲的。别人的喜好不代表自己的喜好，别人的见解也未必就很客观。盲目地跟从他人，最终只会导致自己一事无成，白费心力。李嘉诚对楼市进行低价收购，从而获得了高利润，就是因为他不盲目跟随众人，有着自己的判断。

这种优势或许很多人都明白，但在急功近利心理的驱使下，许多人都不愿做这种角色，而宁可做投机家。但李嘉诚懂得坚忍终究会换来光明，这就是他能驰骋商海多年而再次发迹的原因。李嘉诚认为，"审慎"是一种艺术，作为一名商人，必须拿捏风险和投资的脚步。

1967年香港局势不稳，严重动摇了投资者的信心，整个香港的地价、楼价处于有价无市的状态，建筑业几乎停滞不前。一部分港人卖房后远走他乡，香港再一次面临着房地产危机。在那个百业萧条的年代里，李嘉诚再次审时度势，洞察先机。他一方面加强稳固他的大后方，让长江工业有限公司继续在塑胶业中保持独占鳌头的地位，一方面有计划有步骤地利用现金将购置的旧房翻新出租，再用所得利润全部换取现金大量收购土地，并且采取各个击破、集中处理的方式，使土地以点带面、以面连片地纵横交错地发展。就这样，李嘉诚以其稳健、不浮躁的审慎与胆略，稳中求进。

塑胶花使长江实业迅速崛起，李嘉诚也成为世界"塑胶花大王"。1973年，石油危机波及香港，香港的塑料原料全部依赖进口。香港的进口商趁机垄断价格，价格很快升高，高得难以承受。而这时，李嘉诚已把重心转向房地产。转向房地产，是因为自1964年以后，塑胶花开始受到冷落。而随着香港工商业的发展，房地产在商业界中占着极其重要的地位，并且很有发展前途。1960年，他在柴湾购地兴建工厂大厦，两座大厦的面积一共有20万平方米。在香港经济迅速发展的年代，香港的港岛和新九龙中心地价猛烈上升，等人们认识到这一行情时，洞察先机的李嘉诚已成为地产界的主力军。

Business Develop

关于审慎这个话题，"现代管理学之父"德鲁克认为，身为一名管理者，在实行管理的过程中必须注意五个方面：

第一，必须明确所要解决问题的性质。有些问题属于常规问题，有些问题则是偶发问题。决策者常犯的错误在于，把常规问题当作一连串的偶发问题，或者是把一个新的常规问题开始当作是偶发问题。决策者必须根据情况变化，敏锐地把握市场，真正搞清楚你所面临的是什么性质的问题。

第二，要明确所要解决问题的"边界条件"，即决策的目标是什么？决策想达到什么样的目的？达到这个目的需要哪些基本的条件？市场的变化能不能实现这些条件？企业自身的状况能不能解决所面临的问题？

第三，解决问题有哪些方案？这些方案需要具备什么样的条件？如果要实现自己的方案，可能遇到哪些阻力？应该做出哪些必要的妥协？要怎样沟通才能达成共识？

第四，有效的决策必须能够执行和操作。决策者在决策方案中，应该选择对企业最有利的、最具执行力的行动方案，否则决策将失去意义。

第五，在执行决策的过程中，还应该重视反馈，以便印证决策的正确性和有效性。卓有成效的决策者能弄明白所要解决问题的性质，对于更多的决策者而言，决策是为了什么则更具有启发价值。

德鲁克的观点与李嘉诚"步步为营、稳中求进"的理念不谋而合。事实上，但凡成就大业的商人、管理者，都将类似的理念奉为圭臬。

2008年11月11日这一天是腾讯10周岁的生日。两天之后，腾讯发布了当年的财报。根据统计数据显示，腾讯第三季度的总营收达20.25亿元人民币。这在当时一片颓靡的互联网市场中是一份相当漂亮的成绩单了。和其他众多的互联网企业不同，大家都在愁眉苦脸地考虑着如何度过经济寒冬，而马化腾却能够稍显轻松地迎接胜利的喜悦。

马化腾认为，全球经济确实面临衰退威胁，而且在短期之内看不到转好的迹象。虽然说互联网行业也受到了全球经济不景气的影响，表现得有些衰靡，然而，这种大环境对不同的业务板块的影响是不尽相同的。这次的金融危机对创业型互联网公司冲击最大，只要企业最终能够活下来，未来几年还有机会再来。

此时，马化腾已经开始留意寻找技术平台能与腾讯平台结合的公司。因为此时进行战略布局，对于企业后20年的行业地位有着至关重要的作用。当然，腾讯也不为并购而并购，任何收购行为都是为了进一步拓展对业务发展有帮助的领域。腾讯此前发布的截至2009年3月31日的一季度财报净利润同比增长了94%，从一年前的5.42亿元人民币增加到10.5亿元人民币。但马化腾并不打算将钱用来派息，而是计划将其用在拓展事业版图上，"公司一直在进行中小型的并购，确保增值服务供应链的稳定性，收购对象主要是亚洲内容提供商，如手机游戏、网络游戏、韩国的游戏开发商等，交易的规模从数百万至数千万元人民币不等"。

在这样的大好机遇之下，马化腾仍旧选择了更为稳妥的做法，用一贯的慎重作风回答道："我还是保守一点比较好。"看到机会后，马化腾并没有急于出手，而是先尝试着跨出一个虚步，看看当时的情况如何，如果情况不错，再大步走出去。或许正是受这样的思路影响，尽管手握巨额现金储备，腾讯仍然鲜有并购。不过，马化腾表示，公司仍会继续物色并购机会，但不会是大型的，主要的考虑是能否对业务发展有帮助。

正是在这样的战略方针指导下，腾讯才能安然地走过经济危机的寒冬，并且壮大了自己的实力，朝更大的目标迈进。

政策
里面有黄金

只有把握住主导性的经济政策，才能让自己享受到更好的效果。

政府推出稳定楼市的措施，在某种程度上算是好消息，主导性的经济政策可能带来更佳的效果，经济政策的推出若在时间方面配合得宜，将可带来倍增性效果。居住为市民的一项基本需要，由于市民不断寻求改善居住环境，对楼宇的需求一直存在。长远来说，在地产市场投资可获得合理回报，集团将继续谨慎投资。

——李嘉诚接受《彭博市场》的专访

延伸阅读

政策是政府意志的一种表现，它还带有强有力的势能，用活一项政策可以救活一个濒临倒闭的企业，用对一项政策可以迅速发展壮大一个企业。政策里面有"黄金"，就看你怎么挖掘；政策里面有机会，就看你会不会把握。政策调控社会、经济、科教等一切事业与活动，其中的附加值便包含了一定的创富条件和空间，意味着机遇的到来。

著名经济学家郎咸平曾说，如果业务全为地产投资，集团赢利就会纯粹被地产相关因素所影响，如政府规划和卖地政策等。这样的投资，经济景气时固然赢利，但是一旦好景不再，集团承受的打击就会相当沉重，甚至会有财务危机。从这些话中我们不难得到一个信息，那就是政府政策其实也是一种机遇。问题只在你如何运用政府政策，因为用好了，那结果必然理想；用不好，那就不如不用了。李嘉诚是聪慧的，在很多时候，他经商不败的奥妙就在于吃透了国家政策，顺势而为，故而每投必中。与郎咸平所说不甚相同的是，真正的经营者不仅善于影响政府决策，使政策向有利于自己的方向倾斜，而且即使在有关方针政策并不尽如人意的时候，他们也能做到应付自如、游刃有余。

李嘉诚在阔别故土近 40 年后返乡打造商业传奇，书写了中国政府与港资共同创造的一部市场改革史。有报道如数家珍，这样写道：1984 年，李嘉诚的百佳在内地的第一家门店于深圳蛇口开业，成为首家登陆中国内地的港资零售商。1989 年 4 月，和黄集团旗下的屈臣氏在北京开设了内地第一家店，不单首次引入"超市""连锁店"这些新名词，也成为港资摸索中国零售市场的急先锋。进入 20 世纪 90 年代后，李嘉诚将眼光投注到内地正处于襁褓期的地产业上，最重要的标志是 1992 年通过北京长安街王府井东方广场项目高调杀入内地地产界，这块地皮距天安门仅 1200 米，门牌号是长安街一号，经济与政治地位彰显无遗。因地制宜，正是港商一直以来的成功之道。

若没有市场改革和政策支持，港资零售恐怕很难落脚深圳，屈臣氏也不可能如现在这般遍地开花。历史前进的步伐是阻挡不住的，改革开放为无数商人带来了机遇与财缘，李嘉诚便是其中最耀眼的一颗星。

Business Develop

在政策的轨道上，因梦想而有准备，抓住机遇绝不是神话，稍不留神就能成为百万富翁。20 世纪 70 年代以来到现在，中国出现过六次大的财富浪潮，李嘉诚每次都是领衔抓住政府政策导向和时代商业趋势者。不仅是李嘉诚，很多内地崛起的新秀也书写着如李嘉诚般的神话，胡应湘就抓住了改革开放的机遇，成了时代的弄潮儿。

胡应湘在担任工程师期间，用几年时间对香港市场进行了全面的观察和分析，认定香港经济今后将会有一个高速发展的时期。他还认识到，经济蒸蒸日上，必然会带来交通运输业的繁荣和兴旺，这对父亲经营的出租车行业必有好处。然而，他又注意到，因为的士行业投入资金少，技术难度不大，一般人都可以经营，这势必会有越来越多人参与经营。激烈的竞争和香港有限的客源，会导致该行业经营效益不佳。

而与此同时，胡应湘以卓识的眼光看到前景光明的房地产业。他认为，随着经济的发展，市场不但需要大量的工业用房、商业用楼，还需要大量的旅游商店，更因人们生活的改善，收入的增加，潜伏着极大的居民住宅需求。

胡应湘认为，香港是个特殊的地方，地理条件和环境好，是一个商业中心、旅游中心、金融中心，与我国内地的经济有着密切的关系，所以，其经济繁荣时期不会昙花一现，这样经营房地产业只要决策正确、管理得法，一定可以赚大钱。

从 1967 年起，他把资金和经营方向转向房地产业。1969 年，胡应湘与父亲共同成立合和实业有限公司，并于 1972 年 7 月改组为上市公司，筹得大笔资金后再度扩大房地产的投资。

凭借着出色的管理能力、远见的眼光和丰富的知识经验，他的投资是节节胜利，公司也得到迅速的发展。到后来，该公司与长江实业、新世界地产、新鸿基地产等一起被称为"香港华资房地产五虎将"。

20世纪70年代末，胡应湘又敏锐地观察到香港的地产业将要变化，果断地改变合和的发展方向，转而在中国内地、泰国、菲律宾发展与民生相关的基建项目，如公路、发电厂等。胡应湘之所以改变发展方向，除了看到香港房地产市场的发展趋势外，更预测到中国内地从80年代起将会因实行改革开放政策而出现经济的腾飞。

为此，他果断地把资金投入中国内地众多的重大项目。如投资近10亿美元的120公里广深高速公路，他占五成股权；投资数亿美元的广东沙角A、B、C电厂；此外，他还投资广东顺德的公路及桥梁，广州市东、南、西环高速公路等。

到1994年3月止，合和实业的市值为40.7亿美元，胡应湘持有35.23%股权；合和下控的亚洲电力市值为68亿美元。据《福布斯》杂志公布的资料，到1994年止，胡应湘拥有的财产约为14亿美元。

他之所以投资内地的基础产业，正是着眼于中国的政策变化所带来的巨大经济利益。

这一切正如孔子所说："天下有道则见，无道则隐。""邦有道，则仕；邦无道，则可卷而怀之。"总而言之，政策里面有黄金，关键在于企业经营者能否发现，会不会利用。不论在哪个国家，政策常常意味着机遇，这是条普遍适用的规律。

机会就在转角，
换个视角就能看到

随时留意身边有无生意可做，
才会抓住时机，把握升浪起点。

　　随时留意身边有无生意可做，才会抓住时机，把握升浪起点。着手越快越好。遇到不寻常的事发生时，立即想到赚钱，这是生意人应该具备的素质。时机不会从天而降，机会总是青睐有准备的头脑。

——摘自《李嘉诚的人生哲理》

延伸阅读

　　唐代大诗人刘禹锡有诗云："高髻云鬟宫样妆，春风一曲杜韦娘，司空见惯浑闲事，断尽苏州刺史肠。""司空见惯"这一成语就是从刘禹锡这首诗中得来的。我们对于很多东西司空见惯，熟视无睹，然而，有些人正是利用这些司空见惯的事物，开创了事业的新纪元。一旦司空见惯的东西出现了新用途，定会身价大增。打破惯性思维，跳出自己的思维怪圈，发现商机不在话下。

李嘉诚就是一个善于发现和把握机会的成功商人。从发现塑胶花到建立跨国跨行业的企业王国，李嘉诚每一次似乎都能在司空见惯之中发掘出机会，然后排除障碍，把一个个在许多人看来大胆的构想变成现实。这里，我们不妨套用本杰明·狄斯瑞利的一句话，他说虽然行动不一定能带来令人满意的结果，但不采取行动就绝无满意的结果可言。

　　李嘉诚的成功，正是源自其敏锐的嗅觉和投资天赋。20世纪50年代后期，产品外销，在很多商家流连于香港这片弹丸之地时，他从司空见惯中敏锐地发现欧美市场兴起了塑料花热潮，便迅速转产塑料花，结果取得了极大的成功。经过数年发展，在司空见惯的塑胶热中，李嘉诚发现塑胶业将会在经济杠杆作用下失宠，而地产业将前途无量，于是毅然扭转经营方向，开始从事房地产，并最终获得了成功。

Business Develop

　　李嘉诚卖塑料花其实就是一件很小的事情，而像这种通过身边小事而发现投资机会的案例，在很多商家的投资生涯中并不鲜见。

　　2012年是农历龙年，和众多的年份一样，这一年可能平平淡淡，没有什么普通。的确，从表面上看，2012年与2011年、2013年、2014年等都没有什么太大的差别。但就是在这种异常普通的"年"的背后，一些国外的商家嗅到来自中国的独有商机。

　　2012年，很多年轻爸爸妈妈早就做好准备，希望能够生个龙宝宝，讨个吉祥。一些国外婴幼儿用品生产企业敏锐地捕捉到这个"十二年一遇的商机"，纷纷加大此类产品原料的采购量。据说一家加拿大公司就决定加大进口中国的木材，然后加工生产出更多的婴儿用品，以更多地占领"龙宝宝"这块消费市场的份额。国内商家更是早早地就瞄准了这块大蛋糕，淘宝、凡客、京东商城、亚马逊等网上商城均推出母婴专场，从孕妇装、纸尿裤到童装、童鞋、婴儿车等商品，都在进行系列促销活动。正因为有着敏锐的目光，他们才能在看似平凡的事情中发现难得的机遇。

作为企业的管理者，除了要掌握过硬的行业技术本领之外，还得对行业的发展趋势做出准确的预判，这项能力外化出来便是对机遇的把握。能否准确把握机遇，一般取决于三个因素：

第一，能否做到见微而知著。这其实很好理解，越浅显的商机，越容易被人发现，因而很容易效仿，时间优势并不大。隐藏得越深的商机，自然就难以引起人们的注意，等其他人反应过来时，只要你事先把握住了，你就拥有了别人难以企及的时间优势。

第二，对机遇是否敏感。正如标题所阐述的，机遇司空见惯，关键是你能否识破机遇的本质，能否在最短的时间内做出最准确的判断。对于生活中的一切琐事漠不关心的人，一般都难以发现这些潜藏的商机。

第三，直觉是否准确。机遇往往是转瞬即逝的，很多时候，可能来不及进行市场调研分析，来不及对某个项目的前景进行细致的可行性研究，做不做就是当即拍板的事情。虽然这是一件带有极大"碰运气"成分的事情，但通过长期的培养，直觉往往能与好运沾边。

1980年，深圳经济特区成立。一时间，这个曾经的南国小渔村变身成为发展机遇的聚集宝地。来自全国各地的建设者和创业者如潮水般涌向这里，带着对未来的渴望与期盼，在这片土地上挥洒汗水。

众多"南飞"的求职者中，有一个叫作郝连玉的人。他当时是北京市计算机三厂劳动服务公司经理，为了帮助厂里职工子女解决就业的问题，带着18名待业青年，在1982年来到了当时改革开放的先锋区——深圳蛇口工业区。

当时，深圳这座南方城市聚集了很多北方人，工业区中的一些管理人员、干部也是北方的。郝连玉随即带着随行的青年们到了工业区的食堂，专门为北方人包饺子。结果到窗口排队买饺子的人络绎不绝，第一天包的几千个饺子根本供不应求。

特区成立两年，郝连玉从中发现了商机，并成功把握住了。他与蛇口工业区生活服务公司签订了合作合同，在蛇口工业区里开了一家"北京餐厅"，餐厅主营油条、大饼、饺子等北方食物，生意十分红火。

在经营的过程中，郝连玉发现，部分南方人也爱上了"北京餐厅"的口味，但由于北方饮食的特点，一份饺子的分量很足，超过了一些南方人的食量，还有很多顾客是抱着尝鲜的心理过来的，看到一大份的饺子往往望而却步，不敢轻易购买。为此，郝连玉做出了一个在当时非常创新的举动——饺子论个卖。当时工业区内的企业大多处于创业期，很多公司需要加班，职工下班的时候大部分餐厅都打烊了，郝连玉立即在餐厅醒目的位置打出了一块牌子——晚上 10 点不打烊。这一改革性的举措为"北京餐厅"赢得了很多顾客，餐厅的营业额在一年内翻了一番。在 20 世纪 80 年代的巅峰期，郝连玉的餐厅年赢利可以高达 60 万元，这可以说是一个非常不错的成绩了。能取得这样的成就，郝连玉并没有做什么惊天动地的举措，他只是在司空见惯的生活中发现了商机，并且牢牢地将其把握在手中。

类似的例子还有很多。1932 年，在父母及亲戚的支持下，16 岁的王永庆带着家里凑的一点钱和两个弟弟到嘉义开米店。那时，小小的嘉义已有近 30 家米店，竞争非常激烈。当时仅有 200 元资金的王永庆，只能在一条偏僻的巷子里租下一个很小的铺面。他的店开办最晚，规模最小，更谈不上有知名度，米店开张后，任凭王永庆喊破嗓子，也没卖出去多少，过了几天，生意更加冷清。王永庆开始用心寻求突破。

那时候的台湾，稻谷收割与加工的技术还很落后，稻谷收割后都是铺放在马路上晒干，然后脱粒，沙子、小石子之类的杂物很容易掺杂在里面。

用户在做米饭之前都要经过一道淘米的程序，用起来很不方便，但大家都已见怪不怪，习以为常了。

王永庆却从司空见惯中找到了切入点。他和两个弟弟一齐动手，一点一点地将夹杂在米里的秕糠、砂石之类的杂物拣出来，然后再卖。一时间，小镇上的主妇们都说，王永庆卖的米质量好，省去了淘米的麻烦。这样，一传十十传百，米店的生意日渐红火起来。

很多企业管理者误以为创新就是要标新立异，与全新的生活和模式打交道。但事实上，从郝连玉、王永庆的例子中不难发现，司空见惯的生活常态，才是企业管理者应该下大力气发掘的增值点，不管在哪个时代，不管在什么样的市场背景之下，这一点都是通用的。

机会
大约长 1/10 秒

如果发现不对，就必须采取
行动。

在今日的商界，当人们考察一个企业或一个部门的人员的表现
时，只是在年终看他们的 R&L（盈亏）。但是，我不是这样的，因
为当你等到看 R&L 时，已经晚了整整一年。我通常都是在这一年
的期间，例如办公室例会或到公司巡视的时候，作一些有心的考察，
这样，如果发现不对，就必须采取行动。

——摘自《李嘉诚谈创业》

延伸阅读

人们都说李嘉诚有一个优于别人的长处，那就是运用超前思维预测未
来什么值得投资。这话不假。但更为重要的，无疑是他的行动。如果没有
闪电般地抓住时机，又怎么会有抢先一步的投资呢？抓时机就是抓生机，
快一点就是赢！

进入中南公司，李嘉诚为的是学会装配修理钟表。他心灵手巧，

仅半年时间，就学会各种型号的钟表装配及修理。中南公司创始人庄静庵对少年李嘉诚刮目相看，将李嘉诚调往公司属下的高升街钟表店当店员。

1946年初，17岁的李嘉诚突然辞别舅父庄静庵。临行前，他对庄静庵就香港钟表业的前途做了一番今天看来依然堪称大商家眼光的分析。正是这番话，给了庄静庵的公司一个时机，更是一个生机。

李嘉诚认为，瑞士的机械表生产技术炉火纯青，世所无敌。其时，日本人避其锋芒，瞄准空当，抢先开发了电子石英表的新领域。世界钟表市场便形成这样的态势：高档表市场为瑞士人独霸，中档表市场为日本人独步。这样，中低档表市场就是可开拓的空当。李嘉诚建议舅父迅速抢占这一滩头。

事实证实，时局正如李嘉诚所言，香港地区以价廉物美的中低档表迎合中下层顾客的需要，成为继瑞士、日本外的又一大钟表基地，中低档表生产成为香港的支柱产业之一。若是没有意识到这一点，一旦让其他公司捷足先登，则必将被排挤于主流之外，难以获得更大的发展。

关于时机与生机，李嘉诚认为，能否抓住时机和企业发展的步伐有重大关联。要想抓住时机，就要先掌握准确资料和最新资讯。能否抓住时机，是看你平常的步伐是否可以在适当的时候发力，走在竞争对手之前。

抓住时机的重要因素有四点：第一，知己知彼。做任何决定之前要先清楚自身的条件，以此来决定今后要做出怎样的抉择。要知道自身的优点和缺点，更要看对手的长处。要掌握准确、充足的资料，并做出正确的决定；第二，磨砺眼光。知识最大的作用是可以磨砺眼光，增强判断力，毕竟直觉并不完全可靠。另外，视野一定要宽广，收集咨询的时间一定要快，并且内容要准；第三，设定坐标；第四，毅力和坚持必不可少。

很多时候，很多人能在多个领域内取得成功，是幸运在作祟？答案是否定的，因为他们的每一次出手都不是偶然。成功的企业家总是嗅觉敏锐，善于抓住时机采取行动。正是这一次次难得的商机让企业家们在第一时间内抢先占领制高点，从而获得成功。可以说，他们正是在善于抓时机中赢得了进步的生机。

Business Develop

机遇与危机并存，这是人们耳熟能详的一种观点。就这句话本身，我们就值得做深入的探讨。为什么二者会并存？这是因为，机遇与危机在很大程度上有着一个"保质期"的问题，当机遇的"保质期"过了之后，那么它就变质成为危机。这也就要求，在把握机遇的时候一定要注意时效性。

早在2000年互联网泡沫时期，马云已经感觉到泡沫必将破裂，互联网的冬天即将来临，他必须迅速做出决定。当时马云觉得自己运气特别好，突然感觉全中国人民都在做互联网，一个月至少在中国诞生1000家互联网公司。不过，他也觉得有些不对劲，好像炒股票一样，他认为中国还不具备这样的能力，做一个互联网公司很难，需要人才、技术、资金等，当一个月诞生1000家互联网公司的时候，也一定会出现一个月关闭1000家互联网公司的情况。很快，阿里巴巴就召开了一个会议宣布公司进入紧急状态，比其他大公司提前6个月做了裁减，关闭了很多部门和办事处。马云的这种危机意识帮助公司成功地度过了互联网的冬天。

哪种人能够在如战场一般的商场中获得胜利？李嘉诚在收购希尔顿大酒店中总结道：快一点就是赢。获胜的秘诀在于：一是因为没有人知道，二是出手非常快。当嗅到一个商机时就要立刻抓住，迟一步就会众人皆知，那么出手再快也难保不伤一兵一卒。军队不仅要能战、敢战,还要会战、善战,懂得把握战机。兵贵神速,战机有如闪电,一眨眼就消失了,就看你是否懂得把握。我军之所以百战不殆,其中很重要的一个原因便是善于把握战机、迅速出击,打敌人一个措手不及。

1935 年,红三军团长征来到了娄山关。娄山关雄关漫漫,大有"一夫当关,万夫莫开"之势。蒋介石在此集中了几个师的兵力,妄图把红军消灭在娄山关下。眼看中央机关就要过来了,如果不拿下娄山关,红军大部队就有被围歼的可能。

2 月 26 日清晨,贵州军阀王家烈率部从遵义出发,试图在红军到达娄山关之前将其截住。彭德怀得知这个情报时,对方部队距离娄山关还有 45 里的路程,他命令红三军团全速跑步前进。这样一来,红军比敌人早 5 分钟占领了娄山主峰,掌握了战斗的主动权。当彭德怀率领部队登上顶峰俯视遵义方向时,发现山北侧的敌军距离他们只有 100 多米。随后,红军利用高度优势,以雷霆万钧之势向山下的敌人发起攻击。在随后的几天里,红三军团和红一军团会合,一鼓作气消灭了敌军 2 个师和 8 个团。娄山关战役是红军长征途中第一次取得的重大胜利,树立了战士们战胜敌人的信心。

过去,红军携带大量辎重,大炮、电台、印刷机等一个都舍不得丢掉,结果速度极为缓慢,经常被敌人追着打。后来,红军吸取了教训,丢掉了多余的东西,大大提升了速度,徒步行军一天能走七八十里。这样一来,红军在战斗中经常能抢在敌人前头,把握战机,给敌人迎头痛击!红军在许多战争中的胜利,经常只是比敌人早那么几分钟登上了山头,早几分钟渡过了河流,早几分钟到达了目的地。一位红军曾深有感触地说:"我们不需要比敌人快很多,也许只需要一分钟。但是,早一分钟,我们就具有了优势。"这就是著名的"一分钟法则"。

要贯彻"一分钟法则"，要做到抢得先机、速战速决，军队就必须抛弃不必要的负担，做到灵活运动，而且士兵能够坚决服从命令，长官指挥起来要如指挥一人那样轻松、有效。商人也是一样，都说商场如战场，在关键时刻，犹犹豫豫拿不定主意，必然会与机遇失之交臂，早一分钟做出判断，很可能就为自己的最终胜利多奠定了一分胜局。

第四章

习惯的力量：一勤天下无难事

拼在习惯——好的习惯能让人变得"习惯性成功"。

从不
过夜的当日事

今天还有工作没完成，做完才
能休息。

我有晚上在办公室加班的习惯，因为白天应酬太多，有个员工
也跟我一样,晚上经常出现在公司办公室里。我就跟他说:不要太晚,
注意休息。他说:今天还有工作没完成,做完就休息。有一天晚上,
我发现他走了,可过了一会儿又回来了,我过去问他,他说在路上
突然想起电脑系统的一个数据弄错了,所以马上回来,改了再回家。
他的这种敬业精神深深打动了我,后来公司成立一家新部门,我让
他做了部门经理。因为工作交给他,不会耽误在他手里,我放心。
他现在已经是公司的副总。

——摘自《李嘉诚自传》

延伸阅读

在《南方周末》里有关于李嘉诚的一段采访提到：李嘉诚的办公室陈
设非常简单，桌面上干净得一张纸都没有，因为多年来他坚持"今日事今

日毕"。

在另一篇报道中，记者问到李嘉诚的退休计划时，他这样说道："我已做好退休准备，但现在还没有这个计划。我每天都乐于为股东或基金会付出时间和精力，数十年如一日，我可能是公司请病假最少的人之一。"

这就是李嘉诚，他就是这样的一个不拖延的人，同时在他管理的世界里，他又是孤独的。因为他对不拖延的坚持，也让很多人在感佩他能力和魅力的同时，对他产生了距离感，尽管他是一个儒雅和蔼的人。但是，对于一个管理者来说，适当的孤独能够帮自己立业。

李嘉诚的世界里没有拖延，在他看来，每一个向往未来的人都要做到"今日事今日毕"。不论是谁，管理者也好，员工也罢，只要有了拖延这样的恶习，那么他的进取心就一定会逐渐减少，最终丧失。每个人在快要取得成绩的时候，往往因为一个懒惰的念头而放弃了一秒钟，而这一秒钟就是最大的错过。

拖延容易产生小的错误，而在时间的累积上，错误会由小变大，由简单变复杂，最后这小的问题就很难再去解决。在企业经营上面，一个管理者是没有能力去承担拖延带来的损失的。唯一的办法就是，从现在开始，今日事今日毕。

李嘉诚在管理企业的时候，最注重的就是时效性，凡是能及时完成的工作他必然很快就付出努力。对于他来说，拖延浪费的不仅仅是时间，还有财富和荣誉。

1981年，置地成功地将曾为香港十大英资上市公司之一的港灯集团收购名下，之所以这样做，是因为当时的港灯拥有垄断权，收入稳定，加之香港政府鼓励用电的收费制度，港灯的供电量将会大幅增长，赢利肯定会增加。因此，李嘉诚选中了港灯。他在了解到市场的相关信息之后，一刻也没有拖延，第一时间着手准备，即便大佬怡和置地的卷土重来为收购港灯带来了阴影——高价收购，他也没有想过用"拖延"来观望。李嘉诚非常清楚收购港灯大有可为，一直在努力采集信息，对于他来说，也许现在他没有条件去经营这一项目，但这并不是他需要拖延下去的理由。努力行动就是管理者最智慧的战拖之术。

虽然港灯后来被置地收购，但是李嘉诚不拖延的准备后来也派上了大用场。置地虽以锐不可当之势，以高出市价31%的条件，收购了港灯，但由于在香港急速扩张，其现金储备也消耗殆尽，大笔贷款开始让置地不堪重负。此时形势陡变，移民卷走资金，汇率大跌，加上欧美日本经济衰退，中国香港地产受到严重影响。置地所欠银团的贷款无法偿还，陷入空前危机，万不得已中，置地做出了决策——出售港灯减债。

这时候，李嘉诚前期的积极准备就极为有用了，由于李嘉诚发挥了不拖延的行动艺术，前期积累了大量的资金，又能吃透形势，因而轻而易举便在16个小时内，与置地完成接洽并快速拍板。不但节省了时间，而且比之前收购价还低出了很多，真可谓大获全胜。

不单如此，李嘉诚捐5000万助西部病童时"3分钟内即拍板决定"也无疑显示出了他不拖延的行事作风。

李嘉诚向企业管理者很好地证明了不拖延的重要作用，对于任何一个管理者来说，不拖延是保证其执行力的前提。身为企业管理者，若在工作执行和员工分工安排上面形成拖沓的习惯，这无异于是在贬低自己的职业价值。也许在短时期内，这样的"拖沓"会让管理者轻松无忧，但是这就如同"温水煮青蛙"。当有一天，管理者在拖延之中弱化了职业能力，从而大大降低了执行力，那么最后迎接他的就只有老板潇洒地"炒鱿鱼"或者是自己企业安然地"倒闭"。

拖延，对于管理者来说就是职业效能的"窃贼"，管理者要做的是：今日事今日毕，让每一个小目标都及时完成，让拖延的坏习惯见鬼去吧！

Business Develop

战拖之术，关键是自律。不论管理者所在的企业和位置有多么强悍，不懂得自律，那么拖延就一定能找准机会在其身上施放"魔咒"，然后管理者就会变成温水里的青蛙，管理能力越来越差，职业素养越来越差，甚至连基本的工作都做不好了。

然而，在自律这条道路上，管理者通常都是孤独的。管理者其实在企业里已经有很高的一个地位，他们有时候为了管理的高效不得不严格要求自己，这必然会让周围的下属对自己产生一些误会，诸如太苛求别人，有精神洁癖，等等。可以说，管理者在企业生存中如果常常有孤独的感觉，这就说明他的确是在强调下属的执行力，而且他们的确是在践行一种"强迫"。

凯特林曾经说过："有人做事喜欢瞻前顾后，总是希望等到万事俱备的情况下才去行动。这是不现实的！因为等到条件成熟，可能会错失良机，况且在懒惰者的眼里，可能永远没有条件成熟的时候。凡事马上行动起来才是正确的做法。"

王石喜欢运动　包括爬山。王石从四十七八岁开始爬山，用了大约 5 年时间完成了"7+2"（七大高峰和南极点、北极点），能创造这样一个不俗的纪录，他靠的就是严格的自我管理。这份自律正是来自管理的不拖延。王石跟别人的行动很不一样，最大的区别就是他能管得住自己。每次爬山前他都非常认真地做准备工作，比如涂防晒油，要求两层，他一定会涂两层，而且涂得特别厚。

所谓管理自己其实就是自律，是人的一种重要的品质，同时也是最容易被人忽略的。很多企业的领导者管理做得很好，但在自律上不太注重，很多都是放纵自己，放纵自己的欲望，结果战略上多样化、组织系统等都受到影响，甚至因此失败。

柳传志也是一样，十三四个企业界朋友组成了一个小团体，十几年来，每年"五一"，这些老男人都会找个地方玩一周。那次他们一起在新西兰南岛度假，头一天老柳在车上宣布："大家都别迟到，如果有人迟到我就翻脸，一天不理你。"结果第二天有一个人迟到，他马上就翻脸，说："我今天不理你，你别和我说话。"大家全傻了，他当真一天不和迟到那人说话。那天以后，再也没人迟到了。

这些都是中国著名企业管理者的自律案例，当然这些自律的背后是他们习惯了的执行的不拖延。尽管这条路上，他们可能并没有多少跟随者，甚至是认同者，但是他们都管理了一个企业，带领好了一个队伍。管理者如果还想追求卓越，那就从自律开始，给自己的世界留一点孤独的地方，因为这就是更加成功的筹码。

将手表
调快 10 分钟

我的手表总拨快 10 分钟以便准时出席下一个约会。

如果你只是站着不动，自然不会伤到脚趾，你走得越快，伤到脚趾的可能性越大，但是同样，你能达到某个机会的可能性越大。最重要的是早上的事下午必须有决定或答复。假如下午发生的事非常复杂，则必须 24 小时内答复，我的手表总拨快 10 分钟以便准时出席下一个约会。

——摘自《李嘉诚自传》

延伸阅读

将手表调快 10 分钟是李嘉诚多年以来养成的一种习惯。在李嘉诚看来，这就是一种抓住机遇的表现。在商场中有所收获的人，一定都是勤劳的、善于把握先机的人。每天提前 10 分钟，就意味着每天多 10 分钟的机会。

在李嘉诚的眼里，什么是先机？当一个新事物出现，只有 5% 的人知道时，赶紧做，这就是机会，做早就是先机。当有 50% 的人知道时，你做个消费者就行了。当超过 50% 时，你看都不用去看了！这是使李嘉诚常胜不败的一个重要因素。透过这个"先机"要诀，我们不难发现，赶紧、做早等字眼无不传递着一个重要的信息，那就是——勤奋。

李嘉诚的勤奋习惯是年少时在茶楼养成的，这也为李嘉诚今后取得的商业成就铺垫了基础。细数李嘉诚在茶馆的经历，其中有两点值得评述，也是他"用勤奋占尽先机"的关键所在。

一是他的时间观念：广东人习惯喝早晚茶，大清早就有茶客上门。故茶楼规定必须在早上 5 时开始为客人准备茶水茶点。为此，李嘉诚的闹钟总是调快 10 分钟响铃，这样，每天他都是最早一个赶到茶楼，为的就是能够让自己随时走在别人的前面。长期以来的习惯让李嘉诚将"抢先"视为经商的头号要诀。

二是细心观察。这也是勤奋的一个重要表现。茶楼就是一个社会的缩影，这一点在香港表现得更为明显。茶楼里面汇集着各种不同类型的人，三教九流，形形色色。也正因此，李嘉诚接触了他幼年时从未接触的社会一面，他能在极短的时间里记住客人的姓名与习惯，揣测出其籍贯、职业、性格、财富等基本情况，因而，在每一次接触中，李嘉诚都能够获得一定的信息，为他的下一步行动做储备。

当塑胶花厂办起来之后，李嘉诚便开始琢磨，如何让这家厂子办得红红火火。从横向比较来看，李嘉诚的塑胶花与市面上其他的商家相比还有较大的差距。如何成为塑胶业的佼佼者？为此，李嘉诚主动向行业的专家询问有关塑胶花的知识，并且亲自学习先进技术。当得知生产塑胶花的公司缺勤杂工的时候，李嘉诚随即到这家公司报名，从勤杂工人做起，以打工的方式系统地学习制造工艺。假日里，李嘉诚便大方邀请数位新结识的工作朋友到餐馆吃饭，这些朋友都是某一工序的技术工人，李嘉诚十分虔诚地向他们请教有关技术，他们对于这位勤奋的工友十分有好感，把自己知道的毫不吝啬地告诉了他。这样，李嘉诚很快便掌握了塑胶花的技术。正是这种勤奋，让李嘉诚最终成为一代"花王"，也为他今后的事业发展奠定了坚实的基础。

Business Develop

李嘉诚创业之初所处的那个时代，由于信息寡劣，几乎是谁勤奋谁就有可能捡个金元宝。也正是因为这样，李嘉诚将"塑料花"的生意做到了全世界。如今，勤奋虽说不再是创业营商的唯一因素，但仍旧是其中非常重要的一点。

而关于勤奋，有中国台湾"经营之圣"之称的王永庆的一番话非常经典。在一次演讲中，有位年轻的学生问道："您的成功，是勤奋重要还是运气重要？"王永庆说："我用一生的勤奋证明了我比别人的运气好。"王永庆的话很值得回味，在他看来，他的好运气来自于一生对勤奋的坚持。王永庆出身贫寒，从最底层的米店老板开始做起，中间的艰辛可想而知。如果因为一时的困难或挫折就半途而废、心灰意冷，那么他就不可能成为台湾的"塑胶大王"，坐上台湾首富的交椅。

很多人曾认为，日本市丸商事公司是一家颇有好运的公司，因为借着战后经济恢复的机会，这家公司成功起家，并且在高速发展时期的"淘沙"过程中成功转行，且逆市成长了起来。事实上，市丸商事公司的机遇不是上天赐予的，而是企业经营者懂得利用勤奋获取机遇，懂得用勤奋获取信息。

市丸商事公司的前身其实只是一个叫作"市丸家"的酱油铺，老板叫作市丸良一。由于是小本经营，酱油铺难以同大企业竞争。迫于生存，市丸良一开始在市场上寻求机遇。经过一段时间的考察之后，市丸良一决定改做淀粉生意，取名"市丸产业公司"。因为当时日本正处于战后恢复时期，对淀粉的需求量很大，而做淀粉的原料甘薯主要出产在气候温暖的南方鹿儿岛县，市丸产业公司占有地利之便，因此在当时的一段时间里，公司经营得很顺利，并在短短的几年后发展成为一家庞大的企业，一举成为日本淀粉公司业绩的第三名。

然而，市丸良一并没有因此而满足，而是不停地搜寻行业信息，对自身的企业经营进行优化。正是因为这种勤奋，让市丸产业公司把握住了一条十分关键的信息。当时的日本已经进入经济高速发展时期，日本农林省从经济转型的角度考虑，最终决定减少淀粉公司的数目。在提前获得此准确情报后，已经当上市丸产业公司总经理的市丸良一当机立断，学习新的行业知识，进行公司业务的转型。

1976 年，市丸良一买进 3 辆小汽车，改营出租汽车业。市丸良一全力以赴地经营，只用两年时间就正式办起了市丸交通公司，到 1984 年发展为九州最大的出租汽车公司，共拥有出租汽车 369 辆。正是因为勤奋，市丸良一占尽了行业的先机，他也因为勤奋获得了可观的收获。

和最开始一样，市丸良一并没有停下用勤奋前进的脚步。在经营出租汽车事业的同时，又是市丸良一及早发现不动产业有利可图，便设立"市丸商事公司"，办起了修建和出租公寓事业。他又利用西乡隆盛（日本明治维新时著名人物，出生于鹿儿岛加治屋）逝世 100 周年，以及他在鹿儿岛人心目中崇高的威望大做广告，宣传他建筑的"加治屋公寓"，使其公寓销路十分顺畅。

我们身边有很多自诩聪明的人，最后所取得的成就竟然不如"不太聪明"的人。究其原因，小聪明的人是"聪明反被聪明误"，他们仗着自己的"小聪明"，不再努力，于是被那些"不太聪明"的人甩在了身后。

也总有一些人眼红他人的机遇，但别人的机遇果真全是靠运气得来的吗？恐怕未必。有多少辛勤努力和坚持不懈的汗水，就有多少丰硕诱人的甜美果实。

要想有所成就，就需要一种自始至终坚持不懈的精神，俞敏洪将其归纳为"蜗牛精神"。其实不管是俞敏洪的总结，还是王永庆的论断，抑或是李嘉诚的做法，总而言之，勤奋与成功是本家。

外表
谦虚，内心骄傲

　　你们要做个造梦者，也要做个
脚踏实地的人。因为"取得成就"
和"真正成功"有着天渊之别。

　　"取得成就"和"真正成功"有着天渊之别。要做一个比成功更成功的人，拥有专长、技能、学历、人际网络或经验只是基本功，更重要的是确立你与众不同的特质和看世界的角度。思维单一的人也许只终生追求财富和满足于拥有权力，但人生意义是多狭隘和失诸平衡，一个一生能够肩负理想、承担抱负、以爱心为原则、热诚投入及活出价值观的人，他们的生命却是无亡无尽的。

　　你们要做个造梦者，也要做个脚踏实地的人。你们要结合现实理据和实际经验来不断测试和强化自己的梦想。如果你有崇高的抱负为指引明灯，人生的目标便清晰明确，如果你一生以思驱动，你一定可从容不迫和充满活力地生活；如果你的价值观不是空洞口号，而能历久常新，你一生会有定力去应付现实社会复杂、多元和变幻莫测的挑战；如果你真正深爱你的社会、深爱你的民族、深爱这个世界和深爱活着，那你必须参与和无惧承担，我们民族传统智慧有很多高贵的境界，如若你能拈出"好谋而成、分段治事、不疾而速、无为而治"的精髓，生命是可以如此的好，各位同学，好好活出你一生的精彩和为世界谱上一段一段丰盛乐章。

——摘自《活出你的故事》

延伸阅读

1946 年，在塑胶厂销售业绩蒸蒸日上的势头下，18 岁的李嘉诚便被提拔为部门经理，统管产品销售。两年后又晋升为总经理，全盘负责日常事务。

他已熟稔推销工作，可也深知生产及管理是他的薄弱之处。李嘉诚是勤奋的，他并不曾因为这不是他目前的工作而放弃学习，而是一点一滴地渗透进了销售的本质。他每日除了处理好总经理应该做的事情，总是蹲在工作现场，身着工装，同工人一道干，实验每道工序的具体操作过程。

其中，有一个小插由很值得一提：

在学习的过程中，虽然不再像以前刚出来打工那样辛劳了。然而，工作却也不是一帆风顺的。有一次，李嘉诚站在操作台上割塑胶裤带，竟然不慎把手指割破，鲜血直流。性格倔强的李嘉诚并没有吭声，而是自己暗地里迅速缠上胶布，又继续操作。不想，事后伤口发炎，很是严重。他这才到诊所去看医生，幸好没有落下后遗症。

据说，许多年后这件事被一位记者知道了，这位记者向李嘉诚提及这事，幽默地说："你的经验，是以血的代价换得的。"李嘉诚微笑道："大概不好这么说，那都是我愿做的事，只要你愿做某件事情，就不会在乎其他的。"

就这样，李嘉诚以自己的勤奋和聪颖，很快就掌握生产的各个环节。掌握各个环节的好处就是：庞大的销售网络被李嘉诚缜密地建立起来了。销售及生产势头开始因为协调连贯而变得日臻完善，许多大额生意，不再像以前一样经历很长的周期才能操作了，他可以通过电话迅速完成，然后派发给擅长的推销员。推销员们的销量也是一路攀升，整个公司洋溢着活力与喜悦。

李嘉诚的的确确成为塑胶公司的台柱，堪称如今看来高收入的"打工皇帝"，同龄人中的杰出者、佼佼者。二十出头的他，就爬到打工族的最高位置，做出了令人羡慕的业绩。

面对这样的业绩，李嘉诚应该心满意足。然而，在他的人生字典中没有"满足"两字。这一次，关于离开，李嘉诚并没有特别挣扎，他已经对自己充满信心了。

当李嘉诚说出辞职的话时，我们很难想象老板的态度。不过，老板终究是智慧的，他并没有指责李嘉诚"羽毛丰满，不记栽培器重之恩"，而是约李嘉诚到酒楼，设宴为他辞工饯行，这令李嘉诚十分感动。

李嘉诚怀着愧疚之情离开塑胶公司，他不得不走这一步。这是他人生中一次重大转折，从而迈上充满艰辛与希望的创业之路，决心以自己的聪明才智，开始新的人生搏击。

Business Develop

在电子商务公司中，京东无疑是发展较为迅速的一个。京东之所以能有如此的成绩，不仅是因为抓住了时代的机遇，更重要的是有一个懂得以谦虚的态度向外界学习，从而不断充实自己、提高自己的领头人，即刘强东。

刘强东是一个非常谦虚，但又胸怀抱负的人。京东成立之初，他就给自己确立了很大的愿景。他觉得，自己公司的发展方向无疑是亚马逊那样的大公司。但自己公司的现有能力，包括自己本身，都还有很大的提升空间。于是，刘强东就开始研究亚马逊的崛起之路，学习亚马逊的长处。刘强东通过一段时间的研究发现，亚马逊如今已经是一个综合平台了，但是在最初并没有那么多的产品种类，它是成立第二年开始大规模扩张的。亚马逊之所以有那么大的扩张能力，就在于紧紧地控制住了上游的供货链。刘强东也是按照这个套路进行操作的，京东最开始的时候走的就是亚马逊的模式，就是比对亚马逊进行发展的。

隔靴搔痒总是不能解决问题的，刘强东知道，光是靠外界的信息，想要真正了解亚马逊快速崛起的原因显然是不够用的。因此，在京东发展的初期，刘强东还亲自去了好几次亚马逊公司，亲自体验那里的环境以及氛围，以虚心的态度向这个自己前期学习的对象讨教。

靠着这种不懈的学习信念和谦虚的态度，刘强东领导下的京东终于打开了局面，在国内电子商务领域市场的占有率越来越高。

虽然公司越做越大，刘强东并没有因此而自大，他还在不停地充实自己，不停地学习。

刘强东是一个喜欢表达的人，也因此曾在网上跟很多人发生过争吵。可是有很长一段时间，人们几乎看不到刘强东在网上发表任何言论，大家都以为这个新崛起的商业新星变了性格，其实不是，他是去美国进修了。刘强东去美国进行了大概一年左右的进修。

所以有这个选择，一是因为美国的互联网行业比较发达，有很多可以借鉴的经验，二是刘强东自己知道，在这个快速发展的时代，能够把握机遇的才是胜者，而想要在变化中找到机遇，靠的自然是一颗有知识的头脑。

京东的商业崛起过程，也是刘强东成长的过程，更是他不断学习的过程。在这个知识爆炸的年代里，知识的更新换代是极其迅速的，想要跟上这样的节奏，靠的不是一劳永逸，而是不断地学习，充实自己。而在这个过程中，谦虚无疑是非常重要的一个品质，因为这种品质能够帮助你在无形中吸取有益的知识。这学习不仅在于读书看报，参加各种讲座论坛，更在于向自己的同行甚至竞争对手虚心学习先进的经验。

谦虚的态度、骄傲的内心，这两点是新时代企业家不可或缺的品质，也是在现实历练中经得起检验的成功法宝。

时刻冷静：
不忍小事则乱大局

在任何组织内，优柔寡断者和盲目冲动者均是一种传染病毒，前者的延误时机和后者的盲目冲动，均可使企业在一夕间造成毁灭性的灾难。

对我而言，管理人员对会计知识的把持和尊重、对正现金流的控制，公司预算的掌握是最基本的元素。还有两点不要忘记，第一，管理人员特别要花心思在脆弱环节；第二，在任何组织内优柔寡断者和盲目冲动者均是一种传染病毒，前者的延误时机和后者的盲目冲动均可使企业在一夕间造成毁灭性的灾难。

——摘自《管理的艺术》

延伸阅读

1957 年 10 月 11 日，"塑胶花总进攻日"——李嘉诚在香港发起塑胶花促销大战的第一天来临了。

为了这一天，李嘉诚的塑胶厂员工夜以继日地工作，加班生产。他要在第一天便全面占领市场，造成盛大的轰动态势，同时，让其他企业没有喘息的时间，跟风抢占市场。所以在此之前他和全厂员工都共同遵守秘密，对外也一律守口如瓶。

　　然而就在长江厂塑胶花上市的前两天，李嘉诚忽然获悉一个让他胆战心惊的信息：莲卡佛国际有限公司已与意大利的维斯孔蒂塑胶厂签订了首销塑胶花5000束的协议，并且要在10月15日在该公司所有的连锁店里同时展销。

　　李嘉诚获悉此信后，并没有惊慌失措，在冷静地分析当前形势之后，他决定马上开始提前部署盛大展销。李嘉诚想到了一点：价格。自然，填补空白的产品市场很容易卖高价。即便是维斯孔蒂进军香港，同是高价位竞争，自己也不见得输。

　　但李嘉诚不是一个贪心的人，他认为：价格昂贵，必少有人问津，必然难以尽快打开市场。他希望以"物美价廉"立足香港。由于李嘉诚的塑胶厂是批量生产的塑胶花，成本并不高，李嘉诚在经过成本预算后，大胆做了一个决定："低价位，多销点"的经商策略——卖得快，必产得多，"以销促产"比"居奇为贵"更符合商界规则。这一决定得到了厂内骨干的鼎力支持。

　　塑胶花以中低档价格一面世，立刻便显现出了它特有的优势。当天，在李嘉诚暴风骤雨般的攻势前，香港几家媒体哗然。等到莲卡佛的连锁店推出意大利的原版塑胶花时，市场已经被长江厂占领了。两相对比，差异巨大：意大利塑胶花走的是高档路线，作为奢侈品价格不菲，只有少数洋人和华人富有家庭购买。而李嘉诚的塑料花则走的是大众路线，价格适中，成为大众蜂拥抢购的新货种。同时，意大利的塑胶花虽然质量较好，但因为花样口味并不适合香港文化；而李嘉诚的塑胶花却是尽显本地风光，故而一推出，便博了个头彩。

这一次转型为长江厂带来了滚滚财源，全厂上下情绪高昂。客户蜂拥而至，为物美价廉的塑胶花更添一份喜庆。他们爽快地按李嘉诚的报价签订供销合约。有的为了买断权益，甚至主动提出预付 50% 订金。李嘉诚细致梳理了经销商的销售网络及销售情况，尽可能达到人货匹配供给最大化，很快塑胶花就风行香港了。老一辈港人记忆犹新，几乎是在数周之间，香港大街小巷的花卉店，摆满了长江出品的塑胶花。寻常百姓家、大小公司的写字楼，甚至汽车驾驶室，都能看到塑胶花的倩影。

然而，自古花开一家的好事都不会持续太久，等待长江厂的，是后来居上的同业公平而无情的竞争。李嘉诚也并没有沉浸在首战告捷的喜气中忘乎所以，他果断进行了市场加固和设施、资金、租赁厂房等更新。《李嘉诚全传》提到了李嘉诚的迅速成长与学习：他看好股份制企业，决定分两步走。第一步，组建合伙性的有限公司；第二步，发展到相当规模时，申请上市，成为公众性的有限公司。但李嘉诚没有料到的是，这一次进攻塑胶厂的，不是市场产品，而是借媒体炒作。对手十分聪明。

这一天，李嘉诚的秘书将一份《商报》放到了他的办公桌前。李嘉诚一看不由心惊，原来有人发表文章攻击李嘉诚——《且看长江公司的真面目》。文章如此写道：

"休看李嘉诚现在呼风唤雨，到处以他的塑胶花哗众取宠，招摇过市。其实他并不是一个真正的企业家，也从来不是什么精通塑胶制品的技术权威。如果翻开他的历史就会让人吃了一惊……

"李嘉诚所谓的公司，其实不过就是一个大杂院。不但所有厂房都是破烂陈旧的，就是生产塑胶花的设备，也没有一台是货真价实的，都是一些塑胶厂淘汰下来的废旧机器，被他买到手以后，修修补补，勉强维持生产。我们真为那些购买长江公司产品的顾客捏一把冷汗，他们根本不知道，像李嘉诚那样破破烂烂的厂房和家当，又怎么能够生产出敢与意大利名牌产品相抗衡的塑胶花呢？……"

这看似是一件小小的攻击事件，实则会给市场造成惊天大浪。李嘉诚即刻起身，亲自背上一口袋沉甸甸的塑胶花前往香港中环的这家报馆。接待他的，正是报纸主编。李嘉诚虽然心底震怒，但还是克制着情绪，温文尔雅地告知主编，在未经查证之前写出十分偏颇的稿件上报是十分不妥的。他诚挚邀请总编和各位编辑："我很希望各位全面了解一下我的长江公司。"面对那些五彩缤纷的塑胶花，总编羞愧了。他立刻派有关人员记者全方位进行了解，并且配发了一条全新醒目的通栏标题：《请看李嘉诚创造的奇迹——简陋的厂房设备，优质超群的产品，当今香港工业之翘楚的诞生》。

记者写道："李嘉诚在筲箕湾的公司确实十分简陋，设备也无法与先进工厂的新式机器同日而语。可是，值得读者们先睹为快并为之敬佩的是，李嘉诚在这简陋的条件下生产的优质塑胶花，几乎可与国外最为先进的米兰塑胶产品媲美。这就是李嘉诚的奇迹，长江工业有限公司的奇迹，也是我们香港的奇迹！"

这一役，李嘉诚做得漂亮利落。而且，令人欣慰的是，《商报》上的图片和新闻，非但把第一次的恶意评说打压了下去，无疑也起到了普通商品广告所难以起到的宣传作用。

成功没有秘诀，因为所有的关键，都来自日常的生活之中。古语有云"小不忍则乱大谋"，克制不住自己的情绪，最终必然要收获冲动的恶果。李嘉诚的这一次成功也不是偶然，他用冷静的思考化解了接踵而至的危机，并且最终成就了长江的传奇，使得长江塑胶厂蜚声香港业界。

Business Develop

人是容易冲动的，在自己想要而不得或自己非常看重的东西面前，尤其易冲动。这就是很多人在巨大的利益面前迷失自我的原因，一旦被利益迷住了双眼，我们也就因此失去了冷静。很多企业经营者容易在这方面犯错误，比如在金钱面前。

说起富有，人们第一个想到的肯定是比尔·盖茨，他连续多年蝉联世界首富。在一般人的印象中，这个世界上最有钱的人，一定过着奢华的生活。但事实并非如此，盖茨的生活不仅不奢华，反而很简朴。

盖茨的金钱观很独特，他曾说："我不是在为钱而工作，钱让我感到很累。"他也说过：'我只是这笔财富的看管人，我需要找到最合适的方式来使用它。""当你有了1亿美元的时候，你就会明白钱只不过是一种符号而已。"在这种金钱观的指导下，盖茨的生活很简朴，他很少穿名牌衣服，反而经常买打折的服装。在常人眼里，这似乎跟他世界首富的身份是不相符的。但如果仔细分析一下盖茨的金钱观，不难发现，其实并不矛盾。

盖茨说，钱对他来说不过是一个符号、一个数字，事实的确如此。人的一生中可以赚到的钱是没有具体数量的，而能够花掉的钱也是有限的。大多数不过是吃穿用度而己，即使再奢侈，也总有一个数量能够衡量。普通人所以热衷于名牌，不过是因为平日里得不到罢了，那是一种追求，得到后自然会很兴奋。可是对于盖茨来说，买名牌的钱也不过是小钱，所以名牌和打折品在他的眼里其实差异不大。

这种心理造就了盖茨的简朴，同时也利于盖茨去经营自己的企业。盖茨对钱没有巨大的渴望，反而能让他正确地面对金钱，看清金钱背后的秘密。这样，他在决策的时候就更加清醒，而这份清醒自然能让他赚到更多的钱。一个企业家、一个管理者，不一定非要成为比尔·盖茨，但学习比尔·盖茨对金钱所持有的冷静态度，确实是有利于企业的发展的。

综上所述，冷静的好处是显而易见的。和比尔·盖茨一样，李嘉诚虽然是华人首富，但伴随着李嘉诚一路走来的并不是财富，而是从骨子里透出来的那股冷静。正因为冷静，李嘉诚能够慧眼识"机"，巧用一个又一个的机遇创造奇迹；正因为冷静，李嘉诚能够在一次次的危机中转危为安。

以和为贵：
和平共处，合作共赢

> 想当好的管理者，首要任
> 务是知道自我管理是一项重大
> 责任。

我常常问我自己，你是想当团队的老板，还是一个团队的领袖？一般而言，做老板简单得多，你的权力主要来自你的地位，这可能是上天的缘分或凭着你的努力和专业的知识。做领袖就比较复杂，你的力量源自人性的魅力和号召力。做一个成功的管理者，态度与能力一样重要。领袖领导众人，促动别人自觉甘心卖力；老板只懂支配众人，让别人感到渺小。

想当好的管理者，首要任务是知道自我管理是一项重大责任，在流动与变化万千的世界中，发现自己是谁，了解自己要成什么模样是建立尊严的基础。儒家之修身、反求诸己、不欺暗室的原则，西方之宗教教律，围绕这题目落墨很多，到书店、在网上自我增值的书和秘诀多不胜数。我认为自我管理是一种静态管理，是培养理性力量的基本功，是人把知识和经验转变为能力的催化剂。这"化学反应"由一系列的问题开始，人生在不同的阶段中，要经常反思自问，我有什么心愿？我有宏伟的梦想，我懂不懂得什么是节制的热情？我有拼战命运的决心，我有没有面对恐惧的勇气？我有资讯有机会，有没有实用智慧的心思？我自信能力天赋过人，有没有面对顺流逆流时懂得恰如其分处理的心力？你的答案可能因时、因事、因处境，审时度势而有所不同，但思索是上天恩赐人类捍卫命运的盾牌，很多人总是把不当的自我管理与交厄运混为一谈，这是很消极无奈和在某一程度上不负责任的人生态度。

——李嘉诚接受《全球商业》的专访

延伸阅读

"以和为贵"是儒家在处理人际关系当中最为看中的一项品德，子有说"礼之用，和为贵"，孟子说"天时不如地利，地利不如人和"，都是在强调这一品德。它能使我们少些埋怨，为达到一个共同目标放弃个人私利与成见，从而多些进取精神，无形中是一种推动力，这种推动力必将助你成大事。

精于用人之道的李嘉诚也深谙以和为贵必生财的道理，这也是他成就辉煌事业的秘诀。他 14 岁投身商界，22 岁正式创业，半个世纪的奋斗铸就了辉煌的业绩，今时今日的李嘉诚成为最成功的华人企业家，也是最独具个人魅力的成功人士。他秉承"人和"为创业理念，因此这些都为他将来的事业奠定了坚实的基础。

纵横生意场多年，他一直讲求一个"和"字，他更多的是关注别人的利益，以他人利益为先，这些都是非一般人所能及的。

1978 年李嘉诚初任老牌洋行和黄集团的执行董事，刚上任时困难重重，遭受到不少嘘声，当时几家报社的记者穷追不舍地追问汇丰银行总经理沈弼为什么一定要选择李嘉诚来接管和黄时，一向和李嘉诚私交甚好的沈弼却说："李嘉诚带领的长江实业近年来成绩颇佳，声誉又好，而和黄的业务自摆脱1975年的困境步入正轨后，现在已有一定的成就。汇丰在此时出售和黄股份是理所当然的。"

这时李嘉诚一边顶住巨大的外界压力，不露声色，一边用实际业绩来再一次证明他的远见。功夫不负有心人，李嘉诚从接任和黄开始的1978年到1989年，集团的年纯利润增长就超过了十倍，丰厚的回报不仅使股票一路飙高，而且赢得了股民和股东的信任及好感。再不会有人对李嘉诚的能力抱怀疑的态度，也不再有汇丰"偏袒"长江实业的嘘声。

事实上，李嘉诚作为和黄的执行董事也是集团公司最大的股东，他完全可以行使自己的主权做最后的决策，但他并没有那样做，在股东会议上，他总是以商量的口气发表看法，并耐心征求股东的意见，他的谦让使董事会股东和管理层员工都对他更加敬重和信服。

此外，李嘉诚的惯例是拒绝收取和黄董事会袍金，赢得股东们充分信任之后，他们更加信任长江实业系股票，有了股东们的拥护和支持，长实系股票一路被抬高，市值大增，股民股东均从中得到好处，最后得大利的自然是李嘉诚。

中华民族自古就秉承'以和为贵，和气生财"的道理，儒家说"亦有和羹，既戒既平"，真意也就在于此。

Business Develop

汉语中，合与和谐音。其实在意义上，二者也有藕断丝连的关系。不和，自然"不合";不合，也就必然导致"不和"。新时代的商业竞争，除了要有过人的实力之外，也要有坚不可摧的合作，因为只有和气生财般的合作，才能实现利益均沾，共存共赢。

惠普公司和康柏公司是两家分别在美国排名第二和第三的计算机公司，声名显赫。美国电脑业巨头惠普公司 2001 年 9 月 3 日宣布，为了在激烈的行业竞争中占据优势，它已经与康柏公司达成股票价值高达 250 亿美元的合并协议。

两家公司的发言人说，合并后的"新惠普"总部将设在原惠普公司总部所在地——美国加利福尼亚州的帕洛阿尔托。新公司的雇员多达 14.5 万人，将在 160 多个国家开展业务。新公司的年总收入有望达到 874 亿美元，与行业领头羊 IBM 并驾齐驱。

像康柏公司这样位居世界前列的大公司，"说没就没了"，在中国企业家的眼中自然是不可思议。但惠普公司和康柏公司这两个曾经水火不容的信息时代"斗牛士"，却悄无声息地走到了一起，其速度之快，让整个 IT 界都"吃了一惊"。在敬佩惠普公司的智慧和康柏公司的勇气之余，我们更敬佩其强大的合作力量。它们把"合作比竞争更重要"演绎得淋漓尽致。

惠普与康柏的合作，充分向我们展示了一个道理，合作与竞争不是水火不容，而是相互依存，你中有我，我中有你。一方面，通力合作鼓励各个成员间相互竞争；另一方面，成员间相互竞争促进整体竞争力的提高。同样，李嘉诚的成功不仅仅是赢在了商场，更赢在了人际关系上，他深深懂得竞争与合作并存的商业法则。有合作的竞争，才能达到双赢的局面，生意才能源源不断。因为业务的往来结交了很多好朋友，情谊在，生意就不会成问题。中国有句古话说得好，和气才能生财，这不光体现在生意场上，也体现在生活中的各个方面。

以和为贵可以划分为两个层面，第一个层面就是不主动招惹，陷害对手，取和平共处之意；第二个层面就是之前提到的，合作共赢，和气生财。由此我们可以看出，不管是在企业内部，还是竞争对手之间，"和"永远是让关系稳定，让局面变好的有利因素。

关注"自负指数"：
人生无法"重新启动"

　　沉醉于过往和眼前成就、与生俱来的地位或财富的傲慢自信，其实是一种能力的溃疡。

　　在"卓越"与"自负"之间取得最佳平衡并不容易，因为有信心、"勇敢无畏"也是品德，但沉醉于过往和眼前成就、与生俱来的地位或财富的傲慢自信，其实是一种能力的溃疡。我们要谨记传统智慧，老子的八字真言："知人者智，自知者明。"

　　我想和大家分享的诀窍是什么？我称它为"自负指数"，那是一套衡量检讨自我意识、态度和行为的简单心法。我常常问自己，我有否过分骄傲和自大？我有否拒绝接纳逆耳的忠言？我有否不愿意承担自己言行所带来的后果？我有否缺乏预视问题、结果和解决办法的周详计划？

　　我深信"谦虚的心是知识之源"，是通往成长、启悟、责任和快乐之路。在卓越与自负之间，智者会亲前者而远后者。背道而驰的结果，可能是一生净成就得之极少，而懊悔却巨大，成为你发挥最佳潜能的障碍，减弱你主控人生处境的能力。在现今无限可能的

计算机时代，大家对"重新启动"按钮相当熟悉。然而，在生命这
场永无休止的竞争过程中，我们未必有很多"重新启动"的机会，
我相信，给你这个机会，也没有人期望过着一个不断要"重新启动"
的人生。

——摘自《自负指数》

延伸阅读

2008 年 6 月 26 日，李嘉诚在汕头大学发表了这样一场演讲，过程中，
他不仅提到了"骄傲自大"这个人们口中常见的话题，而且还讲到了"自
负指数"这样的新鲜词汇："我想和大家分享的诀窍是什么？我称它为'自
负指数'，那是一套衡量检讨自我意识、态度和行为的简单心法。"

关于自负指数的计算方式，李嘉诚着重强调了四个方面，它们分别是：
第一，常询问自己是否骄傲自大；第二，反问自己是否没有接受逆耳的忠
言；第三，是否没有为自己的言行埋单；第四，预见、解决事情的周详计划。
如果实际的行为与这四条中的任何一条发生冲突，都要为"自负指数"增
加数值。"自负指数"越高，那么骄傲自大的程度越离谱；反之，则做到了
谦虚恭顺。

"自负指数"并不是李嘉诚随口说出来的一个概念，这也是他自己平
日经常用来调节内心的一种行之有效的方法。通过长期的坚持，李嘉诚获
得了一个平和的处世心态。下面我们就对衡量"自负指数"的四个因素来
一一加以说明。

李嘉诚认为，为了避免骄傲自大这一情况的出现，最好的方法就是保
持谦逊的态度，而李嘉诚给予谦虚的褒扬足以说明他以谦虚为美德的正确
认知："我深信'谦虚的心是知识之源'，在现今无限可能的电脑时代，大

家对'重新启动'按钮相当熟悉。然而，纵观生命的全程，我们不见得会有很多'重新启动'的机会，而且即使给你这个机会，也没有人期望过着一个不断要'重新启动'的人生。"

忠言逆耳利于行。很多人也往往经受不住糖衣炮弹的袭击，这也是常人内心的一项弱点，每个人总是习惯性地喜欢听人说好话，会说甜言蜜语的人很容易讨得别人的喜欢。不过，那些真正拥有智慧的高手都是喝得下苦口良药的人，也是听得进逆耳忠言的人。讳疾忌医只会让轻微的病情变得愈加严重，但如果能够及时治疗，恢复健康的可能性还是很大的。还在发展事业时期的李嘉诚就是因为听取了很多逆耳的忠言，他的企业才逐渐强大起来。

看一个人是否成熟，是否稳重，能否为自己的言行埋单便是一个非常客观的标准，在思想成熟的人眼中，为自己的言行负责本身就是一件理所应当的事情。"自负指数"这项指标能够鞭策当事人在言行上始终保持谨慎，让人保持一种克制的状态，用理性的状态去控制自己的行为。

如果说前面的三种因素都是位于人生智慧之列的话，那么"预见与解决问题的详细计划"这一项就是对实际运用能力的考察。能力的培养经过需要时间与事件的历练，除了先天所具备的才智以外，后天的努力也是培养事务预见、解决能力的途径，而且是主要途径。一份全面详细的计划无疑是为能力的提高添加筹码的重要因素。

在这个竞争残酷的社会中，越来越多的人内心充满了忙乱与恐惧。也正是由于这样的不安心理，他们不断地浮夸自我的能力，走向自负，以掩饰自己内心的空虚。然而，"势为天子，未必贵也；穷为匹夫，未必贱也；贵贱之分，在行之美恶"。庄子的话语似乎向我们说明：虽然竞争有愈演愈烈之势，虽然人有三六九等之分，但这些因素都不是造成内心慌乱的真正原因，美德的缺失才是让内心世界失去平衡的真正凶手。而李嘉诚正是通过计算"自负指数"来维持他内心世界的平衡。

在李嘉诚的自负指数理论中，我们可以看到，尽管影响成功的因素有很多，但个人自身的修养永远占据着不可忽视的重要地位。自负也许并不完全是坏事，但过度自负一定是自遗其咎。纵使你真的满腹才学，也可能会因为盲目的自负而断送。

Business Develop

事实上，自负指数不仅又可以用来自省，还可以用于发掘员工的潜能。

为了给新东方团队吸纳到优秀的人才，俞敏洪秉承着他一贯的用人观点：人才不问年龄，英雄不问出处；只要是人才，新东方都欢迎。

基于俞敏洪大胆用人，既敢选也敢用的特点，新东方的用人策略可以用"只要符合条件，什么人都敢用"来加以概括。因此，俞敏洪手下不仅有一群桀骜不驯的海归，他还起用了一批自己找上门来的奇人、怪人、牛人。罗永浩便是其中之一。

罗永浩能当上老师很出乎人的意料，因为他从小就不是一个规规矩矩的好学生，初中时严重偏科、逃学，高三没读完，就退学做生意了。他做生意也是小打小闹，后来无意中听说了新东方，经过一段时间的打探了解，他认为新东方的老师也不怎样，自己也能讲，而且比他们讲得更好。2000年12月，骄傲的罗永浩给俞敏洪写了一封长信，自信满满地介绍自己的"优点"，用很长篇幅描述自己的"成长经历"，更历数新东方老师的种种不足。可以说，当时的罗永浩，是一个十足自负的人。

面对连高中都没毕业的狂妄后生，俞敏洪本可以不加理会，但是，老俞看出了他是个很有才华的人。无风不起浪，敢于自荐，至少说明某些方面出众。至于是不是哗众取宠，一试便知。基于这一点，他给了罗永浩三次试讲机会。

第一次试讲是在新东方四楼会议室，结果罗永浩太紧张，讲砸了，学员们评论说："这个人没有幽默感。"罗永浩非常沮丧："我快30岁了，第一次被人说没有幽默感。"俞敏洪安慰他："你要表现。你回去再准备一下，等消息。"第二次试讲安排在俞敏洪的办公室，给俞敏洪一个人讲。这次，罗永浩又讲砸了。俞敏洪安慰他："你再去准备一下，寒假班结束后再来见我。"

一个月后，罗永浩第三次试讲，内容是GRE填空，这次大获成功，好几个满分！罗永浩进入新东方后也不负厚望，确实"整"出了一套很有特色的教育方式，证明了当初俞敏洪起用他确实是"慧眼识珠"。

很多企业管理者面对过于自负的员工时，一般采取的措施都是给予这些员工硬性打压，或者干脆不待见。实际上，如何应对自负的员工，也是对企业管理者自负指数的一种考验。有些企业管理者以管理人的身份自居，认为员工不应该在自己的面前太跳脱，这其实也是管理人自负的一个重要表现。只有以平静的心态处理好公司内部自负员工间的关系，才能对公司进行更好的管理。事实上，自负的员工往往都有一技之长，能够撇开自负这层面罩，看到员工的长处，并用这种长处来为企业的发展做出贡献，这才是一个企业管理者应该着重考虑的问题。

第五章
经营之术：治大国若烹小鲜

拼在策略——通用的经验只能解决常识性困难，未知的领域唯有灵活才能攻破。

动态管理：
团队因灵活而高效

企业越大，单一的指令与行为
是不可行的，因为这会限制不同的
管理阶层发挥他的专业和经验。

大家一定要知道，企业越大，单一的指令与行为是不可行的，因为这会限制不同的管理阶层发挥他的专业和经验。

我举一个例子。1999 年我决定把 Orange（指原本和记黄埔集团旗下的一家英国电讯业务公司，后高价卖出）出售，卖出前两个月，管理层建议我不要卖，甚至去收购另一家公司。我给他们列了 4 个条件，如果他们办得到，便按他们的方法去做。

一是收购对象必须有足够的流动现金；二是完成收购后，负债比率不能增高；三是 Orange 发行新股去进行收购之后，和黄仍然要保持 35% 的股权，我跟他们说，35% 股权不但保护和黄利益，更重要的是保护 Orange 全体股东的利益；四是对收购的公司有绝对控制权。

他们听完后很高兴，而且也同意这 4 点原则，认为守在这 4 点范围内，他们就可以去进行收购。结果他们办不到，这个提议当然就无法实行。

我建立了 4 个坐标给 Orange 管理人员，让他们清楚知道这个坐标，这是公司的原则，然后他们到那边发展时，在这 4 个原则的指导下发挥才干，但是不能超越我这 4 个 coordinates（在空中比出 4 个坐标）。

Orange 是一个奇迹。大概是 11 年前，我们同时做两个行业——一个是单向的无线电话，只可以打出，人家不能打给你。同时我们又去注册 Orange 这个 PCS 无线电话的品牌。自己亲自去试听新电话，声音很清晰，我们就开始做了，后来做得非常成功。但是，最后为什么卖，到今天全世界很少人知道。那个时候，价格就高得不得了。人家来到香港给我们一个 300 亿美元的 offer。但是他们也不是唯一买家，也有人出差不多的价格。我就认为应该马上卖，假如我们做第三代电话，要做到同样多的顾客，我只需花 120 亿美元。第二代电话有的特色，第三代全部都有；第三代有的 Data，第二代却做不到。所以结果就是从认识到成交不到两个小时，也成为世界上金额较大的一单交易，同时也是赚钱最多的。

这只是众多例子中的一个，其实在长实、和黄集团里面，我们有很多子公司，我都会因应每家公司经营的业务、商业环境、财政状况、市场前景等给他们订出不同的坐标，让管理层在坐标范围内灵活发挥。

——李嘉诚接受《全球商业》的专访

延伸阅读

1999 年 10 月 21 日，李嘉诚向外界宣布，经过一周的谈判，和黄与

德国电信公司曼内斯曼（Mannesmann）双方终于达成协议，Mannesmann
以价值1130亿港元的价格购得 Orange 电讯公司44.81％的股份，而
Mannesmann 将以现金、票据和1184万股曼内斯曼新股形式支付。

通过成功卖"橙"，李嘉诚再次谱写了一段成功的投资神话。和黄从与
Mannesmann 的交易中收获颇丰，不仅持有 Mannesmann 的股权，成为该
公司单一最大股东，而且套现220亿港元的现金、价值220亿港元的欧元
3年期票据。

此外，在合并完成后，和黄还能间接控制市值7000多亿港元的曼内斯
曼股票。交易完成后，李嘉诚的和黄集团成为该公司最大的单一股东，同
时也成为欧洲最大的 GSM 电讯经营商。在接受记者访问时，李嘉诚激动地
说：这是我最骄傲的交易。

Orange 电讯公司原本是英国 Rabbit 电讯公司。1989年，李嘉诚斥资
84亿港元收购了这家英国电讯服务公司，开始进军英国的电讯市场。20世
纪90年代初，和黄对其投资一直处于亏损状态，在欧洲电讯市场拓展业
务一开始并不顺利，仅1993年就导致和黄损失了14亿港元。就在外界认
为该项业务的前景黯淡的时候，李嘉诚则公开表示，将继续支持和黄在英
国的电讯事业。李嘉诚果然对这项英国电讯业务进行了一系列包装。先是
在1994年将电讯业务重新包装，并冠名"橙"（Orange），推出 GSM 流动
电话服务业务，之后又有一系列动作，实现了转亏为盈的目标。1996年4
月和黄在英国将"橙子"分拆上市，从上市的股权转让中赢利41亿港元。
1999年，和黄又从出售"橙子"4％股权中获取50亿港元现金。事实胜于
雄辩，业绩也验证了李嘉诚对"橙子"寄予的厚望变为现实。因为，当时
的和黄成绩显著，和黄从数次的交易中套现近百亿港元，不仅收回了全部
投资，而且把"橙子"发展成网络覆盖全国98％人口、拥有250万用户的
英国第三大移动电信运营商。

"橙"的不俗业绩吸引了很多同行的极大关注，其中就有德国最大的无线电话业务商曼内斯曼。1999 年 10 月中旬，海外媒体率先透露德国工业界巨头曼内斯曼正在谈判收购和黄旗下电讯公司 Orange 的消息。就在外界纷纷猜测的时候，李嘉诚在记者招待会上证实了这个消息。谈判过程也较为顺利，仅通过 6 天的磋商双方就达成一致，成就了这项引起全球电讯领域广泛关注的巨额交易。

　　"橙"买卖之所以铸就了一个投资神话，这与李嘉诚在团队管理方面的灵活性不无关系。正如引文中所提到的，在整个收购过程中，李嘉诚只有四个要求：收购对象资金充裕、不能因为收购而增加负债、不能因为收购侵害和黄与被收购公司股东的利益、对被收购公司拥有最终解释权。李嘉诚事先并不表明自身的态度，而是让自己的团队充分发挥自己的能力去做判断。在一系列纲领的引导下，让自己的团队抓大放小，灵活处理。

　　李嘉诚从来不认为自己是一个全能的人，但是他能够以自强不息的精神来不断提升自我。这里的自强不息并不是所谓的日日加班和夜夜不息，而是让自己的思想与时俱进，甚至还要超越时代的某些束缚，具有超前思维。勇于开拓，勇于创新，这是企业屹立不倒的前提条件。

Business Develop

　　李嘉诚在建立自己的公司之前一直努力地进行自我管理，即便只是一个小小的职员，他也要求自己做到职员中的精英。在努力工作的同时，年轻的李嘉诚还不忘在空余的时间里充实自己，阅读书籍一直是他最大的乐趣。然而，成立自己的公司之后，李嘉诚发现，单靠个人的努力已经不能够保证公司的正常运转。于是，他开始尝试着将自我管理延伸至动态管理。

　　动态管理指的是企业在运转的过程中，管理者根据内外部环境因素的变动来适时地调整企业的经营思路,从而保证企业始终能够适应内外部环境的变化,以便发展壮大。李嘉诚认为,通往成功的路子有很多,并不见得都用相同的模式,关键要看哪种方式能够把风险降到最低。动态管理的内部因素有很多,其中比较重要的就是对员工以及整个团队的领导与管理。一个好的领导者就像伯乐一样能够选拔出优秀的员工,为企业的发展做出极大的贡献,而由优秀的员工所组成的团队更是促进企业发展壮大的重要因素。

在注重对内外部因素进行适时调整的同时,对企业的管理也需要掌握良好的管理艺术。李嘉诚在谈到企业的管理艺术时曾提到杠杆原理,但李嘉诚对此却显得有些担忧。在他看来,很多企业管理者简单地将这一原理与四两拨千斤画上了等号,认为杠杆原理无非就是叫人学会以小搏大。从某种意义上来说,二者有一定的共同点,即都需要支点进行支撑,但聪明的管理者会根据自身掌握的学识与综合判断能力,从很多看似不相关的事情中找到隐藏颇深的联系,从而精确算出支点的位置,这是取得成功的重要保证。可是,更多的管理者只注意千斤和四两的转化,无视这其中存在的支点,导致二者的转化发生了困难,最终因为过度扩张而让自身陷入困境之中。

动态管理理念也符合哲学思想,在企业管理中,应该根据实际情况具体问题具体分析,反对一刀切。2009 年 8 月,检验检疫部门对企业进行分级管理,依照企业信用、质量保证能力和产品质量状况等不同指标,将出口企业分为四种类别,并结合产品风险分级对不同类别企业采取不同检验监管方式。对质量保证能力强、信用程度高的企业开启绿色通道,可申请"优先办理"等便利措施,对评级较差的企业则采取严格的检验监管方式,以此引导企业诚信自律、守法经营。这与企业经营其实是一个道理,李嘉诚对企业实施动态管理,为的也是充分调动团队的自主能力,提升团队的自我管理能力。

　　李嘉诚说过，他不愿意做希腊神话中的伊卡洛斯，因为翅膀是由蜡做成的而最终悲惨地摔倒在地上。凭借自己的管理智慧，李嘉诚将自己原本只有几个员工的小公司最终发展成为一个拥有20多万员工的大型企业，其中的辛酸只有他自己知道。然而，一个企业不是单靠员工与领导者的勤恳工作就能成功，企业的成功更在于领导者的管理水平。在这方面，李嘉诚管理公司的经验就给了我们很好的借鉴。

像大公司一样
思考，像小公司一样行动

> 公司的架构及企业文化，必须
> 兼顾来自不同地方同事的期望与
> 顾虑。

现在是一个多元的年代，四方八面的挑战很多。我们业务遍布55个国家，公司的架构及企业文化必须兼顾来自不同地方同事的期望与顾虑。

所以灵活的架构可以为集团输送生命动力，还可以给不同业务的管理层自我发展的生命力，甚至让他们互相竞争，不断寻找最佳发展机会，带给公司最大利益。

公司一定要有完善的治理守则和清晰的指引，才可以确保创意空间。例如长实，长实在过去10年有很多不同的创意组织和管理人员，他们的表现都很出色，所有项目不分大小，全部都是很有潜力和有不俗的利润。

——李嘉诚接受《全球商业》的专访

在一次访谈中，李嘉诚回答了关于公司架构的问题。在他看来，"商业架构的灵活制度要建基于实事求是、有自我修正挽回的机制。我指的不单纯是会计系统，而是在张力中释放动力，在信任、时间、能力等范畴建立不呆板、能随机应变的制度。你们也许听过我说企业应在稳健中寻找跳跃的进步，大标题下的小点包括但不局限于：开源对节流、监督管治对创意和授权、直觉对科学观、知止对无限发展等"。

建立减低失败的架构，是步向成功的快捷方式。在实际操作过程中，李嘉诚也践行着自己的这套准则。1979年收购和黄的时候，李嘉诚首先思考的是如何在中国人流畅的哲学思维和西方管理科学两大范畴内找出一些适合公司发展跟管理的坐标，然后再建立一套灵活的架构，发挥企业精神，确保今日的扩展不会变成明天的包袱。

如今世界经济的局势并不令人乐观，成功没有捷径可走，更不会发生像变戏法一样的改变，成功永远与创意捆绑在一起。只有在充分了解自己的前提下部署出一个合理的架构，才能让团队的力量真正地发挥出来。一个企业的管理者，团队的领跑者，纵有国际视野、全景思维、长远的眼光，用务实创新的态度去收集第一手的信息，为后面的行动做出最有利的准备，这些都是必要的，但这一切的必要都必须建立在一个合理的架构之上才能得以充分发挥。否则，先不说能否战胜自己的对手，可能连自身的障碍都无法突破。

Business Develop

关于公司的架构，德鲁克曾经提出过一个架构的观点：一个企业管理者，在进行组织架构之前，必须充分考虑清楚四个问题：

第一，组织中应该有哪些构成部分？第二，哪些部分应该结合在一起，哪些部分应该分开？第三，与各不同部分相称的规模和形式应该怎样？第四，各不同部分之间的恰当配置和关系应该怎样？在回答了这些问题之后，管理者就会对组织结构的设计有了总体上的规划。企业作为一个组织，迫切地需要正确的组织结构。因为一个企业要想从单纯的小企业逐渐成长为复杂的大企业就必须有合适的组织结构。

关于公司的构架，向来没有一个固定的模式，大公司有大公司的构架方案，小公司有小公司要注意的问题。下面以与市场联系更为紧密的小公司为例，谈谈公司的架构问题。

曾任 GE 公司董事长的韦尔奇曾指出：必须在大公司的庞大身躯里安装小公司的灵魂。应像大公司那样思考问题，精简机构，增加灵活性，并且像小公司一样去行动。

利丰是一家大规模的公司，业务遍布全球 40 多个经济体。如何保持大企业的灵活性和弹性对利丰来说至关重要。从多年来开展国际商务贸易的经验中，利丰体会到，一个成功的企业必须像大公司一样思考，像小公司一样行动。

利丰公司的组织架构是以小规模的产品部门作为基础，并非常重视每一位部门主管，能够发挥他们的创业精神和行动力量。在利丰公司，这些部门经理被形象地称为"小约翰·韦恩"（约翰·韦恩是一名好莱坞演员，扮演勇敢而又富有正义感的西部牛仔，以为理想及原则挺身而出让人们熟知）。之所以用这个称呼，是因为利丰公司希望部门经理不要只坐在办公室里处理文档，他们还要主动地外出了解市场、寻找机会。利丰的各部门有充分的自主权，所有涉及为客户进行生产的决定，如使用哪家工厂，停止发货还是继续发货等，都由部门经理决定。这样，利丰的每一个部门都由一个"小约翰·韦恩"负责，利丰要求他们要像管理自己的公司一样来运作这些部门。而且，每一个"小约翰·韦恩"还有自主招聘员工的权利，根据工作性质设置不同的专门小组，如原材料采购、质量控制、运输物流、跟进订单及信息支持小组等。而利丰总部则根据小部门的需要提供后勤服务，如财务资源和信息技术，以便每个"小约翰·韦恩"都可以专注于自己的业务。

从管理学的角度看，利丰这种横向综合的"小团体"组织既能够在组合、解散或更换时迅速响应市场的变化，又能够将大公司和小公司的优点结合起来，在没有大公司趋向官僚主义的缺点之外，还具有小公司能做到专业化的长处，而且在小公司的背后又有了大公司雄厚的后勤资源。

关于企业架构的把握这一点，联想做得非常不错。2011年中国企业国际化的榜单中，联想集团以81.04分，仅输华为1.72分的差距排名第二位。用柳传志的话说，对IBM全球PC业务的并购整合历经波折，到今天终于可以用成功来定义。联想对IBM PC的收购可谓历经险阻，闯过了重重险滩。交易完成后，各种预料中以及预料之外的困难接踵而至。

现任联想集团高级副总裁、新兴市场总裁陈绍鹏回忆并购之初，大家没有想到遇到的第一个难题是"部分并购"的困难。"如果复盘，我觉得部分并购的难度甚至可能大于整体并购。"部分并购之后，各个环节还与原来的IBM架构体系相连，又要与新的架构组织整合，而两个架构体系的行为方式完全不同，随时都可能出现排异反应。合并之后很长一段时间，供货慢成了客户抱怨的重点。"很长时间内很多工作人员必须在两套系统内同时工作，这种工作方式让大家精疲力竭。"陈绍鹏说。联想最终在2008到2009财年以2.67亿美元亏损迎来合并之后的最大挫折。但经过联想集团内部对这些问题的不断调整，将全球市场分为"成熟市场"和"新兴市场"两种战略的出台，联想战胜了这些困难，实现了"由中国人来领导一个真正国际化的企业"。

回到最开始的观点，就像李嘉诚说的：现在是一个多元的年代。"多元"这一时代特性，也为诸多企业管理者提出了新的要求。不论是为了保证企业的基本生存还是为了让企业能够在业内异军突起，"灵活"都是新时代的硬性指标，唯有做到灵活架构，才能以不变应万变。

起用"客卿"：
平稳经营需要外援力量

> 决定大事的时候，我就算100%
> 的清楚，也一样要召集一些人，汇
> 合各人的资讯一齐研究。

长江取名基于长江不择细流的道理，因为你要有这样旷达的胸襟，然后你才可以容纳细流——没有小的细流，又怎能成为长江？只有具有这样博大的胸襟，自己才不会那么骄傲，不会认为自己样样出众，承认其他人的长处，得到其他人的帮助，这便是古人说的"有容乃大"的道理。决定大事的时候，我就算100%的清楚，也一样要召集一些人，汇合各人的资讯一齐研究。这样，当我得到他们的意见后，看错的机会就微乎其微。

——摘自《李嘉诚自传》

延伸阅读

古人云："智莫大乎知人。"人才是事业成功最重要的资本和基础。深受中华传统文化熏陶的李嘉诚深谙此道。古有"千里马常有而伯乐不常有"

的感叹，然而，很多人盛赞李嘉诚具有九方皋相马的慧眼。因为正是李嘉诚极为高明地辨识和使用了众多的"千里马"，他的商业巨舰才驰骋商场几十年而无坚不摧、无往不胜。

李嘉诚少年时，父亲曾讲战国时孟尝君的故事给他听，李嘉诚深受启发——孟尝君之所以能成大事，正是因为得到了幕僚的大力帮助。后来，当他自己掌舵一个企业的时候，精于用人的他知道，不仅要大胆起用精明强干的年轻人，还要准备一大批老谋深算的"客卿"。后来，李嘉诚因为自己和员工的努力，以及广得"客卿"之助，终于成就了一番大业。

商界盛传李嘉诚左右手与"客卿"并重，其中最令人注目的是精明过人，集律师与会计师于一身的李业广和叱咤股坛的杜辉廉。

杜辉廉是一位精通证券业务的专家，被业界称为"李嘉诚的股票经纪"，备受李嘉诚青睐和赏识。李嘉诚多次请其出任董事均被谢绝，他是李嘉诚众多"客卿"中唯一不支干薪的人，但他决不因为未支干薪而拒绝参与长实系股权结构、股市集资、股票投资的决策。

为了回报杜辉廉的效力之恩，当杜辉廉与梁伯韬合伙创办百富勤融资公司时，李嘉诚发动连同自己在内的 18 路商界巨头参股，为其助威。在百富集团成为商界小巨人后，李嘉诚等又主动摊薄所持的股份，好让杜梁二人的持股量达到绝对的安全线。

李嘉诚的投桃报李，知恩图报，善结人缘，更使得杜辉廉极力回报李嘉诚，甘愿为李嘉诚服务，心悦诚服地充当李嘉诚的"客卿"和"幕僚"。杜辉廉在身兼两家上市公司主席的情况下，仍忠诚不渝地充当李嘉诚的股市高参。如杜辉廉为李嘉诚在股票发行二级市场上的收购立下了汗马功劳，特别是在 1987 年香港股灾之前为李嘉诚的集团成功地集资 100 亿港元。

袁天凡的才华在金融界尽人皆知。李嘉诚为邀得袁天凡的加盟，历尽"峰回路转"到"柳暗花明"的曲折历程。尽管两人过往甚密，但袁天凡多次谢绝了李嘉诚邀其加入长实的好意。

李嘉诚并不言弃，仍一如既往地支持袁天凡：荣智健联手李嘉诚等香港富豪收购恒昌行，李嘉诚游说袁天凡出任恒昌行行政总裁一职；袁天凡与他人合伙创办天丰投资公司，李嘉诚主动认购了天丰公司 9.6% 的股份。李嘉诚多年来的真诚柜待终于打动了孤傲不羁而才华出众的袁天凡，他应邀出任盈科亚洲拓展公司副总经理。在袁天凡的鼎力协助下，李泽楷孕育出一个震惊世人的腾飞"神话"。

李嘉诚能够并善于突破固有的、传统的育才模式而紧跟时代的潮流，创立出新的、适合企业实际需要的人才培育模式，为公司的发展壮大奠定了坚实的人才资源基础。

Business Develop

客卿一职早在中国春秋战国时就存在，当时是一种官职，授予非本国人而在本国当高级官员的人。在古代，君王为成就大业，募请诸侯各国谋士予以短期辅佐、指点江山，其位为卿，以客礼待之，故称客卿。

客卿本身也有他自身的存在意义。客卿是一门通过完善心智模式来发挥潜能、提升效率的管理技术。客卿通过一系列有方向性、有策略性的过程，洞察被教练者的心智模式，向内挖掘潜能，向外发现可能性，令被客卿人有效达到目标。客卿是通过与被客卿人建立一个相互信任的关系，这种关系包含相互尊重、安全、有挑战性和负责任的环境。这种关系激励被客卿人，在工作业绩和日常生活中都力争最佳，并获得非凡成就。其实，换个角度来说，客卿也是一种促使管理者和被管理者之间达到双赢的策略。

秦始皇执掌大权后下了一道命令：凡是从别的国家来秦国的人都不准居住在咸阳，在秦国做官任职的别国人一律就地免职，3 天之内离境。李斯是当时朝中的客卿，来自楚国，也在被逐之列。他认为秦始皇此举实在是亡国的做法，因此上书进言，详陈利弊。

在李斯看来，从前秦穆公实行开明政策，广纳天下贤才，从西边戎族请来了由余，从东边宛地请来了百里奚，让他们为秦的大业出谋划策；而且，当时秦国的重臣蹇叔来自宋国，配豹和公孙枝则来自晋国。这些人都来自异地，都为秦国的强大做出了巨大贡献，收复了20多个小国，而秦穆公并未因他们是异地人而拒之门外。

李斯直言指出，秦始皇的逐客令实在是荒唐至极，把各方贤能的人都赶出秦国等于是为自己的敌国推荐人才，帮助他们扩张实力，而自己的实力却被削弱，这样不仅统一中国无望，就连保住秦国也是一件难事。李斯之言使得秦始皇如醍醐灌顶，恍然大悟，急忙下令收回逐客令。秦始皇因为听取了李斯的建议，不但留住了原有人才，而且吸引了其他国家的人才来投奔秦国。秦国的实力逐渐增强，10年之后，秦始皇终于完成统一大业。

事实上，一个企业的发展不仅需要内部人员的齐心协力，还需要得到企业外部人员的支持和帮助。如果能够借用"外脑"，既能增强企业的发展，树立良好的企业形象，又可以广交朋友，提高企业的知名度。很多时候，人的强大不仅在于提高自身的智慧，凝聚众智更为重要。如果我们能够抱着一颗坦诚谦虚之心广采博纳，凡人也可能成为超人，企业也必将取得更大的发展。

公司的味道：
有制度的威严，有人情的温暖

> 我们是一家很有人情味的公司，
> 既贯彻西方管理理念，又融合中国
> 文化的特色。

我听说，海尔是做电器的，生产冰箱、冷气机还有 TV-set（电视机）。我们是一个国际公司、综合企业，内里包含非常多不同的行业。我们的模式原则上是西方管理理念，融合中国文化的特色。外国有很多 Quarter CEO，就是表现得不好，就得下台。但我们不会有这样的情况，我们是一家很有人情味的公司。比如一个行业，每一个同行的业绩都跌了90%，我们只跌了60%，这个 CEO 我还要奖励他。但是假如有一个行业，人家赚的是100块钱，我们赚80块钱，那我就会司：为什么人家赚得这么多，你赚得这么少？

还有，因为外国的管理模式都是讲效率的，中国人的文化就是有人情味，你要看看情况。同时，我们的规模不算小，我们其中有的公司在世界500强中排第九十名，其他排在200名的也有。海尔是内地一个做电器非常成功的公司，一般来讲，他们最初的时候是引进德国技术做冰箱。他们现在的发展也是非常好的。我们跟他们的 manufacturer（制造商）不一样，我们也有制造，但是行业不同，我们差不多很多行业都有。我们有石油，从开采到加油站、煤油都有。在国外，我们的集装箱码头也是全世界最大的。我们今年处理的集装箱，差不多是 3000 万个以上。电讯我们也做得不少，在很多国家，现在发展到第三代无线电话。所以我说，资讯是非常重要的。现在很多报纸都说这个第三代电话会延迟啦，还有一年，明年怎么可以开始啊，其实我已经看到这个手机，日本将会有 5000 个人拿着第三代手机在试用，这是成功的。

简单来说，information（信息）是最重要的。海尔是一个成功的例子，但是我们是在不同的行业。

——摘自《李嘉诚谈企业战略》

延伸阅读

李嘉诚喜欢在长江实业员工同乐会上对员工说"我们这个大家庭"，让人听了十分温馨。将"家"的温情延伸到每一名员工的心坎上，为公司营造家的氛围，这一点似乎得到了诸多企业管理者的认同。

新华百佳时装厂董事长何美英说："一个企业要发展，就要创造拴心留人的环境。怎么拴心留人？我觉得就是企业要搞得像个大家庭一样。"舜宇集团工会主席鲁炳江说："打造亲情文化，不仅表现在企业对员工的尊重和信任上，而且表现在企业要全心全意为员工排忧解难办实事上，把造福员工作为自己的使命之一。"上海科世达－华阳汽车电器有限公司总经理吕克勤说："经营企业就像过家，不应该只想到短期利益，而要未雨绸缪，高瞻远瞩。"

在企业创办不久，为了降低成本，改善经营状况，李嘉诚的企业被迫大量裁员。在企业遇到困难的时候，裁员是很正常的事，但是李嘉诚认为，员工失去工作就意味着没有了生活来源，从艰辛中走过来的李嘉诚对此体会尤深。李嘉诚坦诚地承认，自己经营上的失误导致了裁员，他在向被辞退员工及家属表示歉意的同时承诺，只要经营出现转机，愿意回来的员工仍然能在公司找到他们的位置。李嘉诚有诺必践，相继返回的员工都能比以前更加努力地从事本职工作。

李嘉诚的人情管理还表现在对员工犯错的宽容上。李嘉诚并不会因为员工一次的失误，就让他们失去了做事的机会，而是帮助他们找出存在的问题，力求在下次不再重犯类似的错误。公司的许多人才都是从失败中接受教训，进而慢慢地成长起来的。这也是很多员工对李嘉诚颇为感激的一点。

有一次，公司的一个年轻经理和外商谈判。外商傲慢无理，根本不把部门经理看在眼里，对合同的条款一再地挑三拣四。也许是没有经验，也许是不够冷静，年轻经理没有顾及公司的形象就和外商在谈判桌上吵起来，合同最后也没有签下来。李嘉诚知道这件事情后，叫人把年轻经理找来。年轻经理心想：这次把生意谈砸了，还和客户吵起来，肯定要被李嘉诚痛骂。哪知道走进办公室后，李嘉诚根本没有批评他，而是让他回去好好地总结一下教训，以后多注意谈判的技巧，为下次的谈判做好准备。年轻经理以为自己听错了，但李嘉诚斩钉截铁地告诉他："你已经和客户打过交道，对具体的事务也比较了解，没有人比你更适合担任这份工作。"果然，年轻经理没有让李嘉诚失望，成功地与外商签订了协议。

在亚洲金融风暴波及香港的时候，长江实业公司员工的公积金因外放投资受到不少损失。按理，遭遇这样的天灾大家只好自认倒霉，可李嘉诚却动用个人资金将员工的损失如数补上。他宁可自己受损，绝不让员工吃半点亏，这样的企业老板必然能够深得人心，深受员工的拥戴。常言道，以诚感人者，人亦以诚应之。李嘉诚用个人的损失换取了比金钱更重要的东西，不能不说是李嘉诚广纳人才，靠情感管理的一个佐证。

Business Develop

王石在一次接受采访的时候表达过这样的观点："现代企业制度更多的是靠制度本身，东方文化讲究的是人的权威和依赖，甚至要靠道德层面的力量。西方企业制度讲究的是大家都可能好也都可能坏，所以一定要有制度性监督。你看西方人很笨，路上没人，碰上红灯车照停，不像我们，一看没人，过啊，明明不能掉头的地方还是掉头。"

西方的企业管理制度以理性著称，注重的是以制度来管人，通过民主的方式来实施，这更加符合新时代的企业管理。然而，企业里所有的制度不是用来讨论的，而是用来执行的。中国企业的管理核心特征是人情，这是由中国历来的传统决定的，中国人历来都很看重人情，而这一传统也被管理者运用到企业管理中。中国的企业管理者很多都是人情化管理的"高手"，相对于制度而言，很多管理者更倾向于"以情感人"，以道德来束缚人，以权威来压人。这种管理模式能带来和谐的管理关系，然而容易把人和事混在一起，人事不分，管理中的各种问题就会出现。

不可否认的是，中西方在企业管理上是存在差别的，东方人管理企业很多依靠的是权威，是人情，而西方则更喜欢依靠制度。在企业管理制度上，王石也一直在思考，一直在实践，万科在这方面也一直做得不错。王石在远洋求学的过程中不断地反思金融危机的根源和生命本身，也在反思企业管理模式。在企业管理模式上，王石认为现代管理制度不适合东方文化，这是由东方文化的本质决定的，东方文化注重人的权威和依赖，甚至是道德决定一切，这与讲究制度和民主的现代企业制度显然是不相符的。

第六章
成功就是一群人才的巧妙组合

拼在团队——恰到好处地用人所长，天时地利地敢为人先，成功就会如期而至。

成为一只
"仁慈的狮子"

> 做人如果可以做到"仁慈的狮
> 子"，你就成功了！

做人如果可以做到"仁慈的狮子"，你就成功了！仁慈是本性，你平常仁慈，但单单仁慈，业务不能成功，你除了在合法之外更要合理去赚钱。但如果人家不好，狮子是有能力去反抗的，我自己想做人应该是这样。very kind，非常好的一个人，但如果人家欺负到你头上，你不能畏缩，要有能力反抗。

——李嘉诚接受《全球商业》的采访

延伸阅读

团队的能力如何，很大程度上取决于团队领导者的作风如何。团队的领导者，对于团队的塑造有着至关重要的影响力。一个领导者自身的能力往往会外化到整个团队，也往往会成为团队成员竞相效仿的样板。因此，提升对管理者自身的塑造，便成为提升团队核心能力的重中之重。

李嘉诚曾经说过这样一句话："做人如果可以做到'仁慈的狮子'，就成功了。"狮子是凶狠的食肉动物，在弱肉强食的森林之中，这位独霸森林的国王又怎么会变得仁慈呢？

自企业创办以来，无论经济形势呈现怎样的走向，李嘉诚所带领的团队都能够在顺境中大步前行，在逆境中迎难而上。创办塑胶厂，李嘉诚成为"塑胶花大王"；踏入地产业，李嘉诚变成"地产大亨"。虽然未必是产业的先行者，然而李嘉诚却靠着自己多年总结的经商之道，寻找到企业发展的精准支点，在残酷的竞争中坐上"霸主"的宝座。从某种程度上来说，李嘉诚就是行业中的一头狮子。

2007年12月，李嘉诚在受邀担任客座总编辑时，向读者介绍自己成功的秘诀。李嘉诚谈到了企业管理的各个主要方面，讲了如何才能在这些方面做到最好。无论是人事还是管理，李嘉诚都有一套自己的独特见解。作为森林之王，狮子不仅需要具备高出其他动物的力量与胆魄，还需要具有高超的猎捕技术。做人也是一样，想要做人上人，那除了保证自己具有良好的素质以外，还需要掌握高明的做事艺术。一代富商李嘉诚正是具备了这些特点，才成为商界中的王者，成为业界的雄狮。

然而，狮子一般的人，能够成为业界的王者吗？毕竟，狮子在大多数人脑海中留下的印象并不是"美好"的类型，甚至有些令人惧怕。只要一提到狮子，很多人的脑海中立刻就会浮现出一张凶狠的脸、一个血盆大口，还有4只尖利的爪子。狮子之所以能够成为林中霸王，靠的就是自己的这些天生优势。弱肉强食是大自然的规律，这条规律同样适用于竞争激烈的商界。成千上万的商家之中，也不乏张着"血盆大口"，只顾"吃肉"的类型。他们只顾自己的利益得失而丧尽天良、用尽手段，像吸血鬼一样地吸食他人的血汗。毫无疑问，这些商人只能逞一时之勇，最终必然会被市场淘汰，他们不仅不得民心，甚至最终还可能引发团队内部的纷争。

愈是居于高位的人，愈应该持有一颗仁慈的心，这在中国古代一直是一种领袖美德。跻身商界的李嘉诚也抱持这样的态度。除非是对他进行了严重人身攻击，否则，李嘉诚对任何事情都能以平和的心态面对，不跟他人事事较真。李嘉诚的这种修养就源自他心中的慈悲。在商界打拼多年，李嘉诚诚恳待人、诚心做事，从来都不做亏心的生意。李嘉诚的仁慈就是他身上所具有的品质，李嘉诚的仁慈正是中华民族的传统美德的一种延续与体现。

"仁慈的狮子"不仅仅是李嘉诚给后人的箴言，这简短的5个字也是他总结下来的一笔巨大的人生财富。无论是在商界还是其他行业，作为人上人，作为强者，一定要心存仁慈。李嘉诚虽然身居高位，但他能以平和的心态对待身边的人和事，始终心怀感恩与仁慈。做一只狮子，但不做张牙舞爪的狮子；做一位高人，但不做自视清高的人；做一代富商，但不做没有德行的商人。李嘉诚凭借自己的勇猛、胆识和仁慈，成为商界中受人敬重的"狮子王"。这也是李嘉诚为何告诫后人要做"仁慈的狮子"的原因。

Business Develop

"行大仁慈，以恤黔首，反桀之事，遂其贤良，顺民所喜，远近归之"，这是出自《吕氏春秋·简选》中的一段话，说周武王在大败商纣王之后还能够选拔敌国的贤良为己所用。他心存仁慈，满腹气魄，最后远近的人通通都归顺于他。回顾历史，我们会发现：越是有成就的人，越是受到人民爱戴的人，越是仁慈。可以说，他们都是"仁慈的狮子"。

公元 208 年（建安十三年）秋 8 月，曹军大举南下，此时荆州牧刘表病危，形势混乱，治下人心惶惶。9 月，曹操至新野，此时刘表已去世，其子刘琮举州投降。此时，刘备屯驻樊城，刘琮不敢将已降曹的消息告诉他。后来，刘备察觉，刘琮才通知刘备。这时，曹操大军已到宛城。诸葛亮劝刘备乘机并吞刘琮，把荆州控制在手，但刘备念及刘表情意，没有同意。刘备自知单凭自己的力量无论如何也抵挡不住曹军的锋芒，只得南撤江陵，以作权宜之计。荆州吏民对刘备颇有好感，纷纷随之南撤，连刘琮的部下也多愿跟从，因而队伍越聚越大，等到达当阳时，"众十余万，辎重数千辆，日行十余里"。而曹军最慢也日行三十里，况曹军先锋多为骑兵，不日即可追上行动缓慢的刘备军民。眼看敌军逼近，有人劝刘备说："宜速行保江陵，今虽拥大众，被甲者少，若曹公兵至，何以拒之？"刘备说："夫举大事者，必以人为本，今人归吾，吾何忍弃去！"最后，刘备仍与众人缓慢南行。

刘备对于"仁"有着比一般人更为深刻的体验，不管这种体验是出于内心的自觉还是形势的需要。正如刘备自己说的那样，"操以暴，吾以仁……每与操相反，事乃可成"。这段话可以概括为刘备的为政为人之道，取胜成功的秘诀。放到如今这样社会，是否可行呢？三星公司的例子为我们做了说明。

韩国三星公司为什么能成为今天世界一流的企业？这要归因于三星李健熙会长十多年前的一次讲话。他的讲话以及关于企业变革的阐述后来浓缩成了 5 万字左右的《三星新经营》小册子，这个小册子堪称"三星蓝皮书"，其中提到了"三星宪法"，这是"三星蓝皮书"的灵魂思想，着重强调了人性美、道德性、礼仪规范和行为规范。三星认为，相比企业自身的业绩来说，它们更加重要，而且必须遵守。李健熙认为，不成为一流企业，就难以在当今的社会中生存下去，而要发展成为一流企业，最迫切的课题是恢复人性美和道德性。不恢复道德性，不挽救人性美，就将一事无成。正是因为李健熙自己带头奉行这样的准则，整个团队竞相效仿，最终使得整个公司都具有这样一种良好的精神气质，并且成功地推动了三星的发展。

招贤纳士：
聆听那些沉默的声音

挑选团队，忠诚心是基本，但光有忠诚而能力或道德水平低下的人也是不可靠的人。

成功的管理者都应是伯乐，不断在甄选、延揽比他更聪明的人才，不过有些人却一定要避免。绝对不能挑选名气大却妄自标榜的"企业明星"。企业也无法负担那些滥竽充数、唯唯诺诺或者灰心丧气的员工，更无法容忍以自我表演为一切出发点的企业明星。

我的经验是，挑选团队，忠诚心是基本，但更重要的是要谨记，光有忠诚但能力低的人或道德水平低下的人迟早拖垮团队、拖垮企业，是最不可靠的人。

因此，要建立同心协力的团队，第一条法则就是能聆听得到沉默的声音，你要问自己团队和你相处有无乐趣可言，你可不可以做到开明公平、宽宏大量，而且承认每一个人的尊严和创造的能力，不过我要提醒，有原则和坐标，而不是要你当个费时矫枉过正的执着的人。

可能是我少年忧患的背景，可以让我在短时间内较易判断一个人才的优点和短处，从旁引导，发挥其所长。

——李嘉诚接受《全球商业》的专访

延伸阅读

2008 年 5 月 19 日，《首席执行官》发表的一篇文章《知人善用的"伯乐"李嘉诚》中评论李嘉诚道："从企业的创建历史来看，李嘉诚的企业就是典型的家族性企业。但李嘉诚从一开始起就没有按照家族企业的模式进行管理，而是采取中西方优秀的管理方法相融合的管理机制。这是他的事业成功的关键。20 世纪 80 年代，曾经有不少潮州老家的侄辈亲友要求来李嘉诚的公司做事，遭到他的拒绝。现在长实虽然也有他的家乡人，但都是依靠本事和能力才被录用的。"

著名的管理大师德鲁克曾经说过这样一句话："如果领导者缺乏正直的品格，那么，无论他是多么有知识、有才华、有成就，也会造成重大损失——因为他破坏了企业中最宝贵的资源——人，破坏组织的精神，破坏工作成就。"常言说"做人要直""做事之前先做人"，讲的都是一个道理。德鲁克非常强调所用之人的品行，这也是李嘉诚非常看重的一点，然而，仅仅有这一点还是不够的。在李嘉诚看来，作为商人，追求的是企业的效益，一个只有德行而没有能力的人不仅不会为企业带来实际的效益增长，还会给企业增加额外的负担。与其在企业困难的时候为如何辞退这些人而发愁，不如在最开始的时候就不要将这些人纳入自己的企业之中。

关于亲信的任用问题，李嘉诚也有着自己的见解。他常常说："唯亲是用，必损事业。唯亲是用，是家族式管理的习惯做法，这无疑表示对'外人'不信任。"李嘉诚很清楚，唯亲是用的结果会将很多优秀之人拒之门外，这样的管理，也许凭创业者的才华可以显赫一时，但很难维持第二代辉煌。也因此，李嘉诚在接纳人才时十分苛刻，有位员工曾这样评价李嘉诚："对碌碌无为之人，管他三亲六戚，老板一个不要。"这充分显示出李嘉诚整顿自己企业的决心。

Business Develop

其实，并不止李嘉诚这样用人，历史上许多人都是任人唯贤，只要这个人有才能，不论他的出身有多卑贱，也会给予重用。

唐代的马周算是唐初名相中的异数，他出身草根，朝廷中无人帮他说话，但唐太宗能够慧眼识英雄，破格提拔重用他。

马周年少的时候"孤贫好学"，但是不为州里所用，只好离开家乡周游中原，最后来到长安，在常何的门下做了一个小吏。常何本来是太子李建成的下属，但是他最后选择了李世民，成为玄武门之变中为秦王李世民打开城门的关键人物。

有一次，唐太宗要求在朝官吏每人都要写一篇关于时政得失的文章。这个任务苦了武将常何，他不会舞文弄墨，心里着急。马周得知此事，想要对常何报恩，便主动提出替常何写这篇文章。

过几天，唐太宗看到了常何的答卷，不禁大吃一惊，里面提到的 12 条治国之策，条条都说到了太宗的心坎上。他知道常何是万万写不出这样精辟的文章的，于是就询问谁写了这篇文章。常何说是他的门客马周写的，李世民迫不及待地想要见见马周，于是连派了 4 次使者去催，直到马周感觉事情已经做得差不多了，才来到皇宫。

唐太宗和马周谈起了当时政治局势以及为政之道，马周侃侃而谈，太宗大为惊叹，两人大有相见恨晚之感。太宗并没有急于让马周担任要职，而是让他到掌管机要的门下省任一个小职，一来看看他的人品，二来防止其他人不满。不过没过一年，马周就当上了权力很大的监察御史。为了表扬发现马周的常何，太宗赏赐常何300匹锦帛。

任监察御史后，马周向唐太宗提出了"马二条"：一是以孝治天下，并且认为照顾好太上皇李渊是头等大事；二是扬清激浊，劝太宗不要拿国家的官职作为赏赐，即使是对皇室子孙也不例外。唐太宗十分赞同他的意见，提拔他为侍御史。

"草根干部"马周深知徭役之苦，于是上书唐太宗："供官徭役，道路相继，兄去弟还，首尾不绝，远者往来五六千里，春秋冬夏，略无休时。"他说国家的兴亡并不在于国库丰盛与否，而是在于老百姓的苦乐。太宗看着他的奏表，深思良久。

后来，马周还提出了许多可以解决实际问题的方案，比如让长安城的警卫击鼓警示，省去了逐门走告之苦。不久，他又被提升为中书舍人。马周文采超群，处事缜密，同为中书舍人的岑文本评价他的文章："一字不可加，一言不可减。"

纵观唐太宗李世民的用人之道，与李嘉诚的用人之道有着相似之处。李嘉诚的用人，主要有3个鲜明的"任人唯贤"特点：第一，重用外籍员工；有人说，李氏集团高层的得力助手，几乎清一色是外籍员工。第二，年轻化。李嘉诚的左右手都普遍年轻。如长实副董事长周年茂、和记黄埔董事总经理霍建宁任职时还不过30岁；第三，专业化。李嘉诚认为，只有专业化，才能使企业在产品和技术上保持领先地位，从而在激烈的市场竞争中站稳脚跟。

李世民选择毫无身份地位的马周，让他担当重任，其实也正是看中了马周的能力。李世民的任人唯贤，也给李嘉诚做了一个榜样。

2001年5月17日李嘉诚在汕头大学演讲，谈到如何在日常管理中建立与员工的关系时，李嘉诚说："在我两个儿子加入公司前，我的公司内并没有聘用亲属，我认为，亲人并不一定就是亲信。如果是一个跟你共同工作过的人，工作过一段时间后，你觉得他的人生方向，对你的感情都是正面的，你交给他的每一项重要的工作他都会做，这个人才可以做你的亲信。如果一个人有能力，但你要派三个人每天盯着他，那么这个企业怎么做得好啊！"

的确如此，李嘉诚并不是一个顽固的人，只要亲人做得好，同样可以担当重任，这其中最关键的便是能力。

容人之短，
用人之长

各尽所能，各取所需，以量才
而用为原则。

大部分的人都会有长处和短处，好像大象的食量以斗计，蚂蚁
一小勺便足够。各尽所能，各取所需，以量才而用为原则；又像一
部机器，假如主要的机件需要 500 匹马力去发动，虽然半匹马力与
500 匹相比小得多，但也能发挥其一部分的作用。

——摘自《李嘉诚如是说》

延伸阅读

所谓人无完人，三个臭皮匠赛过一个诸葛亮，只有通过优化组合将每
个人的特长发挥到极致，才能人尽其才，物尽其用，从而获得完美共生。

有人曾说，在李嘉诚庞大的商业王国中，只要是人才，就能够在企业
中有用武之地。是的，李嘉诚及其所委任的中层领导都明白这个道理。李
嘉诚说，就如同在战场，每个战斗单位都有其作用，而主帅未必对每一种
武器的操作比士兵纯熟，但最重要的是首领亦非常清楚每种武器及每个部

队所能发挥的作用——统帅只有明白整个局面，才能做出出色的统筹并指挥下属，使他们充分发挥自身的长处以及取得最好的效果。

在集团内部，李嘉诚彻底摒弃家族式管理方式，完全按照现代企业管理模式进行运作。除此之外，他还精于搭建科学高效、结构合理的企业领导班子团队。李嘉诚深知，企业发展在不同阶段有不同的管理和人才需求，适应这样的需要，企业就能突飞猛进，否则企业就要被淘汰出局。

在李嘉诚组建的公司高层领导班子里，各方面人才都十分齐全。有人曾说此评论说："这个领导班子既结合了老、中、青的优点，又兼备中西方的色彩，是一个行之有效的合作模式。"

当然，用人所长，并不是对人的短处视而不见，更不是任其发展，而是应做具体分析、具体对待。有些人的短处说是缺点并非完全确切，因为它天然就是和某些长处相伴生的，它是长处的一个侧面。

这类"短处"不能简单地用"减去"消除，只能暂时避开，而关键还在于怎么用它。用得得当，"短"亦即长。克雷洛夫有一段寓言说，某人要刮胡子，却怕剃刀锋利，搜集了一批钝剃刀，结果问题一点也解决不了。

在一个人的身上，其才能有长处也有短处，用人就要用其长而不责备其短处。对偏才来说，更应当舍弃他的不足之处而用他的长处。一位优秀的企业领导会趋利避害，用人之长，避人之短，如此一来，则人人可用，企业兴旺，无往而不利。

一个工程师在开发新产品上也许会卓有成就，但他并不一定适合当一名推销员；反之，一个成功的推销员在产品促销上可能会很有一套，但他对于如何开发新产品可能会一筹莫展。如果管理者在决定雇用一个人之前能详细地了解此人的专长，并确认这一专长确实是公司所需的话，用错人的悲剧就可以避免了。

Business Develop

　　古人说得好："事之至难，莫如知人。"辨人才最难，而辨别偏才的能用可否则更难。这是因为事有似是而非的地方，例如"刚直开朗似刻薄，柔媚宽软似忠厚，廉价有节似偏隘，言纳识明似无能，辨博无实者似有才，迟钝无学者似渊深，攻忤谤讪者似端直，——较之，似是而非，似非而是，人才优劣真伪，每混淆莫之能辨也"。所以说，世上最难的事没有比识人更难了。每一个聪明的领导人都要精于识别偏才造成的假象，而有选择地使用他们。

　　有人问淘金工，怎样获得金子？淘金工说："金子就在那儿，你把沙子去掉后，剩下的自然就是金子。"这个回答颇有"禅"的意味，它告诉了我们在生活中求真求善的最佳方式与途径。

　　一般来说，人的本性是见利不能不求，见害不能不避。趋利避害是人的本性，商人做买卖，日夜兼程，不远千里，为的是追求利益；渔民下海，不怕海深万丈，敢于逆流冒险搏斗，几天几夜不返航，因为利在海中。因此，对许多人，只要有利可图，虽然山高万丈，人也要攀登；水深无底，人也要潜入。所以，善于管理的人，对人才要顺势引导。

　　人都有优点和缺点，在用人时必须坚持扬长避短的原则。用人，贵在善于发挥人才之长，对其缺点的帮助教育，固然必要，但与前者相比应居于次。而且帮助教育的目的，也是使其短处变为长处。如果只看短处，则无一人可用，反之，若只看人长处，则无不可用之人。因此，在人才选拔上切不可斤斤计较人才的短处，而忽视去挖掘并有效地使用其长处。

　　关于人才运用这个话题，虽然各个企业之间的具体规定和要求不尽相同，但在方向性的问题上，大企业运用的人力资源管理原理都是相通的。以

152

腾讯为例，腾讯每年都会对员工进行一次 360 度能力评估，最终的考核结果会用雷达图的形式呈现在每位接受考察者面前。公司会对所有参与考核的人员进行统计，然后计算出一个平均成绩，以作为标准参照值，如果分数高于平均分，雷达图会告诉你，高出的分数在哪里，带来的好处在哪里，大家是如何评价你的；如果你的分数低于平均分，雷达图也会告诉你，低出的分数在哪里，不好的地方是什么，大家是如何评价你的。这便是一种很好的用人方案，对于员工的不足予以容纳，并留出充足的空间，配合相应的方案对员工进行素质提升，对于员工的长处则充分地加以合理利用。

当然，这项权利不应该只留存在公司高层领导一个人手中。现代社会活动错综复杂，一个领导人即使有三头六臂，也不可能独揽一切。一个高明的领导者，其高明之处就在明确了下级必须承担的各项责任之后所授予的相应权力，从而使每一个层次的人员都能司其职，尽其责。在李嘉诚看来，除了做出必要的示范外，一般对下属无需太多干预，不宜事无大小一律过问。

用人学研究证明，高明的领导者在管理职员时应利用爱人之心纠正他们，按照职员行为的准则来约束行为。所以说，有了绝对不可违反的准则，必然会在良好的秩序下实现管理，领导者也就可以正常地行使权威。制定不随意改变的管理制度、规范是高明的领导者进行管理的最根本途径。

李嘉诚能够知人善任，将每个人的长短处都挖掘出来，并让其发挥效用。由此可见，李嘉诚在用人方面的确称得上是慧眼识才的伯乐。

拿来主义：
不拘一格地中西合璧

在世事万变的年代，思想不能
拘泥一格，要跟随时代的脚步。

我读过韩国很多富有哲理的书，儒家有一部分思想可以用，但
不是全部。我认为要像西方那样，订立制度，这样就比较进取，然
后结合中西两种方式来做，而不是全盘西化或者全盘儒化。在世事
万变的年代，思想不能拘泥一格，要跟随时代的脚步。

——摘自《李嘉诚谈商录》

延伸阅读

李嘉诚所做的正是中西合璧，截取中西方最优秀的思想来管理公司。
他不但善用身边的人，还极其善于利用西方人的智慧。

任何公司在创立之初，老板都希望自己的员工是忠心耿耿、忠实苦干
的人才，李嘉诚的塑胶厂同样如此。然而，一旦企业发展起来，并且想要
走向世界，所用之才就不是这么简单了。有人曾说，如果一直只任用元老
重臣，长实的发展很可能会不如今天。事实的确如此。

李嘉诚总是能够站在员工的角度上看问题，使得他的员工们有很高的忠诚度，从他公司跳槽的人很少。

20世纪中后期，香港飞速发展，许多香港企业为了和国际接轨，纷纷雇用外国人为他们管理企业。但许多企业面临着这样一个问题，就是外国人和老板无法真正地融洽相处。李嘉诚雇用外国人为他做生意，却并没有与外国人发生很多不愉快。他重用外国人，而且善待外国人。

许多人对李嘉诚重用外国人的做法有质疑，那个时候，还有记者夹枪带棒地问李嘉诚："你的集团雇用了不少外国人做你的副手，是否含有表现华人经济实力和提高华人社会地位的成分呢？"李嘉诚没有动怒，他只是谨慎地回答道："我还没那样想过，我只是想集团的利益和工作确确实实需要他们。"

李嘉诚后来的成功也证明他当初所做的一切选择都是为了工作，并没有个人的私心在里面。在一次谈话中，他谦虚地说道："你们不要老提我，我算什么超人，是大家齐心协力的结果。我身边有300名虎将，其中100人是外国人，200人是年富力强的中国人。"300名虎将中外国人占了1/3，不能不说李嘉诚用人之道之高明。

20世纪70年代初，李嘉诚为了从塑胶业彻底脱身投入地产业，高薪聘请美国人 Erwin Leissner 任长江工业总经理，其后又聘请一位美国人 Panl Lyons 为副总经理，并赋予他们实权。要知道，这两位美国人都是掌握最现代化塑胶生产技术的专家，是希望之光。

在当时的环境里，李嘉诚通过雇用洋人副手，充分发挥了他们长袖善舞的优势。外国人与国外企业沟通无障碍的天然优势极其容易为公司带来很大的利益，可以使公司在走向国际化的过程中走得更顺更远。

在20世纪80年代中期，当时李嘉诚已控有几间老牌英资企业，这些企业有相当部分外籍员工。为了最大限度发挥他们的能力，李嘉诚采取了外国人管外国人的措施，这一行为直接帮助了李嘉诚的"集团超常规拓展"计划，带动了员工之间沟通和进步，而且起用外籍人员做"大使"，更有利于开拓国际市场与进行海外投资。这样一来，李嘉诚只在领航方面轻轻一带，便保证了整个航程的顺利进行。

据当时有关人员的粗劣统计，在和黄、港灯两大老牌英资集团旗下，留任的各分公司外籍董事长、行政总裁达数十人之多。

在李嘉诚的外国人阵容里，特别值得一提的是英国人马世明，他原效力于怡和财团，可以说是李嘉诚的对手。后来他自创事业，开了一家叫作达汶汉姆（DAVENHAM）的工程公司，更与长实有了直接的利益冲突。但是李嘉诚一点也没有计较这些，相反，他十分欣赏马世明的学识与才干，尽力将其网罗在自己手下。

1984 年，李嘉诚将 DAVENHAM 买了下来，将马世明提升为和记黄埔的总经理，负责和记黄埔属下的货柜码头、电讯及零售贸易等业务。此后，又将其任命为嘉宏国际和港灯董事局主席。后来，马世明成为长实系除老板李嘉诚外第一个有权有势、炙手可热的人物。他任和黄总裁 9 年之久，给和黄创下了许多丰功伟绩。

可以说，李嘉诚不拘一格重用外国人的策略方针，对他的企业起到了稳定军心的作用，更是为打开国际市场奠定了坚实的基础。

Business Develop

俗话说，"他山之石，可以攻玉"。一个团队在站稳脚步之后，便要考虑如何在业内开创出一片属于自己的天地。自行钻研是非常重要的，但更多的时候，需要"开眼看世界"，用同行的长处来对照自身的不足，从而获得更大的进步。腾讯就是一个很好的例子，它依靠的不仅是时代的机遇，更重要的是懂得"借鉴"，用同行的长处来发展自己。

如今的腾讯，是一家非常著名的公司，从某种程度上讲，甚至可以称之为伟大的公司。但在建立之初，腾讯其实并不起眼。提到腾讯，可能很多人想到的都是模仿。确实，腾讯创立之初，就是模仿国外的 OICQ。后来改名为 QQ，建立了自己的图标，才算是有了真正属于自己的东西。

在这最初的阶段，腾讯走的路，也是类似的做项目的路。他们将别人的成功模式复制了过来，将之当成了自己想要做的事情，于是便有了最初的发展。不过，起源于模仿的腾讯很快就终止了模仿，开始自己有特色的进行经营了。这一阶段，腾讯走的是自己的路。当然，在这过程中腾讯也有偶尔借鉴别人的时候，但已经不是早先的无大改变的照搬了，而是只借鉴思路，融入自己的特色。在这个过程中，腾讯一点点走向成熟，开始用做企业的心态来经营了。

转变了思维模式之后，腾讯进行了很多的原创，其中，比较重要的像 QQ 群模式，就是腾讯的原创。而且腾讯还将很多功能集于一身。其他公司的产品是要进入到网页才可以的，而腾讯仅仅是一个小小的 QQ 窗口就可以干很多事情。正是因为这种便利性，让他在面对强大的 MSN 的时候取得了最终的胜利。

古话说"活到老学到老"，如今正是这样的一个时代，在这个时代里，如果没有学习能力，已就等于失去了竞争能力。尤其是管理者和企业家们，如果不懂得学习和借鉴，总有一天会被时代所抛弃的。

团队就得
"有傲骨无傲心"

我常常跟儿子说，要建立没有
傲心但有傲骨的团队。

好的管理者真正的艺术是在接受新事、新思维与传统中更新
的能力。人的认知力由理性和理智的交融贯通，我们永远不是也
永远不能成为"无所不能的人"，有时我很惊讶地听到今天还有
管理人以"劳累"为单一卖点，"天行健，君子以自强不息"，自
强不息的方法重要，君子的定义也同样重要，要保持企业生生不
息，管理人要赋予企业生命，这不单是时下流行在介绍企业时在
PowerPoint 打上使命，或是懂得说上两句人文精神的语言，而是
在商业秩序模糊的地带力求建立正直诚实的良心。这条路并不好
走，企业核心责任是追求效率及赢利，尽量扩大自己的资产价值，
其立场是正确及必要的。商场每一天如严酷的战争，负责任的管
理者捍卫企业和股东的利益已经天天精疲力竭，永无止境的开源
节流、科技更新及投资增长却未必能创造就业机会，市场竞争和
社会责任每每两难兼顾，很多时候，也只能是在众多社会问题中
略尽绵力而已。

我常常跟儿子说，他要建立没有傲心但有傲骨的团队，在肩负经济组织其特定及有限责任的同时也要努力不懈，携手服务贡献于社会。这不能只是我对你的一个希望，而是你对我的一个承诺。

——摘自《管理的艺术》

延伸阅读

在上面的引文中，李嘉诚向他的儿子告诫道："要建立没有傲心但有傲骨的团队，在肩负经济组织其特定及有限责任的同时也要努力不懈，携手贡献于社会。"这段话被许多人引用，但他们未必能够明白李嘉诚话里的真正意思。后来，针对"傲心"和"傲骨"的问题，李嘉诚做了这样的解释："傲心与傲骨的区别非常大。一个人如果认为自己了不起，就像一杯水装满了之后，一滴水都装不进去，这是傲心。"

一位领导人曾胸有成竹地说："就算你没收我的生财器具，夺走我的土地、厂房，只要留下我的伙伴，我将东山再起，建立起我的新王国。"这就是团队的力量。在激烈的市场竞争环境中，每位成功的公司管理人几乎都拥有一支完美的管理团队。这些成功的领导人所率领的团队，无论是他的成员、组织气氛、工作默契和所发挥的生产力，和一般性的团队比起来，总有非凡的优势。

要达到这一目的，增强团队精神是每位领导必须做到的，只有强大的团队才能在市场的浪潮中立于不败之地，才能做大公司。而什么样的团队才是强大的呢？李嘉诚说，要建立无傲心有傲骨的团队。

李嘉诚绝不允许自己的团队傲慢无礼，要求自己的团队自尊自爱，在他看来，身在这样的团队中的个人会不知不觉地重塑自我，重新认知个体跟群体的关系，在工作和生活中得到真正的欢愉和满足，而这样的团队才是足够强大的。20世纪70年代，长实公司召开记者会，邀请与长实有业务联系的公司参加，有一个大公司的外国主管在这个会议期间表现得非常傲慢无礼，目中无人。

这个外国主管原本答应参加会议，但事到临头，他却回自己的国家去旅行了，这件事情让李嘉诚非常不满。李嘉诚后来亲自找到他，并问他："既然答应的事情，为什么又反悔？如果我是你的话，我连觉都睡不着。"

面对李嘉诚的责问，这位外国主管漫不经心地答复说："I'll sleep like a baby.（我会像一个小孩子一样睡着）"

李嘉诚被激怒了，但他依然非常有涵养地忍住愤怒的火焰回答他："Sorry, I don't think so.（我并不这么想）"

这件事情之后，李嘉诚为了保护公司的利益和声誉，就把交易价格提高了50%。结果不到72小时，那位傲慢无礼的外国主管就打电话来协商，请求和李嘉诚面谈。当李嘉诚赶到他们那边的时候，那个外国主管和其他主管纷纷请李嘉诚吃饭。

李嘉诚说："你们是不是还 sleep like a baby？"他们面带愧疚地说："我们一直都没能睡好。"那位外国主管非常不好意思地向李嘉诚道歉，李嘉诚大度地接受了他的道歉。虽然李嘉诚对这名无礼的外国主管没有责骂，也没有惩罚，但是他的举动让那个外国主管真心地感到了自己的错误所在。

这正是李嘉诚为自己所说的傲骨和傲心两个词汇做出的完美诠释。建立一个团队，傲心不能有，但一定要有傲骨。傲骨是一种自信，是一种不屈从于他人志得意满下的做人准则。这是李嘉诚一直坚持的准则。

我们正处在一个充满竞争的时代，管理者必须重新界定自己和企业的地位。无论你的企业是营利的还是非营利的，都必须面对高利润企业的高效率竞争，若不及时反省管理原则，随时都有可能惨遭淘汰。

管理者应向部属说明企业竞争力的重要性。强有力的竞争可以促使员工发挥高效能的作用。因此，在对下属的管理中，引入竞争机制，让每个人都有竞争的意念，并能投入到竞争之中，组织的活力就永远不会衰竭。

想要达到这样的目的，企业必须有傲骨，让员工都有上进心、自尊心，耻于落后。拥有傲骨是刺激员工上进的最有效的方法，能够让他们坦然面对竞争和压力，发挥出自己的全部潜能。

Business Develop

傲骨的一方面表现是在竞争中不向对手示弱屈服，而另外一种体现则是在不景气的大环境中敢于与整个现实挑战抗争。

很多人都认识马云，而且大多数人都是通过阿里巴巴认识这位商业奇才的。但事实上，马云创立的第一个网站并不是阿里巴巴，而是中国黄页。那时候，中国黄页也是有很多用户的，可是后来，随着互联网内容的丰富，中国黄页渐渐没有那么大的影响力了。不过，马云并没有想过要放弃，他觉得自己选择做互联网是对的，这条路要坚持下去，如果坚持住了肯定能够成功。不过他也知道，光靠等是不行的，还要想办法找出路，要懂得折腾。

在这种背景之下，马云组建了一个新的团队，阿里巴巴公司因此诞生了。阿里巴巴是一个商业平台，专门供各种企业分享商业信息，它的出现极大地方便了各种公司展开业务。以前，想要找到一个合适的客户，需要到处跑，而且还不知道自己将要去的地方是否有自己想要找的公司。可是阿里巴巴出现之后，一切变得方便多了，只需要在阿里巴巴网站上输入关键词搜索，就能找到自己中意的公司，上面有地址，也有联系方式，更是有公司简介，而且可寻找的范围也扩大了很多。

阿里巴巴刚在市场上崭露头角的时候，便赢得了一片叫好声。然而，阿里巴巴的成长道路并不顺畅，在出现的初期，刚好赶上互联网危机，这对阿里巴巴来说是致命的打击。网络公司的生存线就是客户的点击量，但在当时来看，有点击量，但无法靠这些赚钱。那几年是互联网的寒冬，在那段时间中很多公司倒下了，不过马云挺过来了。他号召阿里巴巴的员工跟自己一起熬，等待冬天过去，春天到来。

纵观马云的创业之路，煎熬和折腾一直都没有停止过。在别人不了解互联网，不看好互联网的时候，马云和他的团队以一种坚强的精神挺了过来。在这期间，他和他的团队从没有放弃过折腾，一直在不断地进行新的尝试，与当时的环境做顽强的抗争，最终铸就了今天的阿里巴巴。

第七章
谈优势：永远比对手强一点

拼在实力——强一点足矣：既不会因遥遥领先而失去斗志，也不会因没有对手而感到寂寞。

没有机会难以成功，
没有实力定会失败

全世界许多企业的失败，都是因为面临的机会太多，而资金与精力不够。

　　美国一个工会领袖退休时跟我说过一句话，"企业最大的失败是企业关门。你关门破产，工人都跟你一样失败"。

　　全世界许多企业的失败，都是因为面临的机会太多，而资金与精力不够。所以重要的是量力而为。古人说，先学爬，再走路，然后再跑，这是非常有效的。

　　一个人当然是不怕失败，失败后可以东山再起。但当公司有一定规模之后，你就要更小心。和记黄埔 2010 年的现金流和之后 8 年的负债相差只是 10%，就是说我有现金跟我之后 8 年负债风险承担只是相差 10%。我一定要步步为营，尤其是作为公众公司。

　　　　　　　　——李嘉诚与长江 EMBA、MBA300 余名学子的谈话

延伸阅读

1996 年，香港经济再度上扬，房价和股市都走出了波澜壮阔的大行情，

长实的流动资产净值大幅增长，长期负债却保持着原有的线性增长速度，从而在 1997 年下半年亚洲金融危机爆发时，流动资产仍然大于全部负债，非流动资产的比例更高达 83% 以上，资产负债率仅保持在 12% 左右。

事实上，并不是所有人都对负债率有着一个清晰的认识。在令人记忆犹新的繁荣期，负债率并不是一个受宠的指标，那时负债率过低，还容易被斥为杠杆用得不够充分，过于保守。到面对着铺天盖地而来的金融危机的时候，我们才能发现原来李嘉诚的话有多对。

有的人看到成功了，不过与之前预想的还有一定差距，秉着差强人意的观点，也就不了了之了。事实上，这是很危险的，因为一个没有及时修补的小漏洞，可能会带给企业极大的损害。负债率就是如此。赚多赚少是次要的，因为没有极限，但赔多赔少则是板上钉钉的，赔多少，元气就会损害多少。只有那些懂得节制的，那些没有过分挥霍金融资源的企业才可能赢得下一轮机会。而不是一次性被榨干，没有翻本的机会。

我们从李嘉诚的身上得到的启发是深刻的。李嘉诚在创业伊始便遭遇负债问题，这让他在以后的无数商战中都引以为戒：尽可能不向他人借钱。哪怕是在他首次踏足地产业，他也依然保持了稳健的作风，以物业收租，而不是捞一把黄金地产。香港四大天王不约而同地把控自己的负债率，使之降到最低，绝对不是空穴来风。

Business Develop

印证中国的一句俗语，"没有金刚钻，不揽瓷器活"，有多少的实力，就背负多少的债务。企业运作过程中，需要就自身的实力做出合理的评估，哪怕是"跟风"行为，也要依照自身的实力，量力而为。

在企业的实际运作中，不可能完全做到不负债运营。适当的负债能够在一定程度上促进企业的发展。用别人的钱为自己赚钱，是许多成功人士致富的方法。威廉·尼克松总结了许多百万富翁的经验说："百万富翁几乎都是负债累累。"银行是诚信的人的朋友，通过放款赚取利息；借出愈多，获利愈大。当然，"用别人的钱"的方式应该是正当、诚实的，绝对不能违背道德良知。只有在合适的契机借势，才能真正做到用别人的钱为自己做灶火，把自己的企业烧得越来越旺，否则，只会为自己平添负担，甚至引火上身。

著名经济学家郎咸平评价道："我们上市公司的资本负债率是多少？100% ～ 300%，资产负债是50% ～ 70%（用公司负债额除以公司资本，可以得出资本负债率为100% ～ 300%，若是除以公司资产，可以得出资产负债率是50% ～ 70%）。你看看李嘉诚为首的香港四大天王，他们的资本负债率是20%，难道李嘉诚借不到钱吗？不可能，我们借不到钱是真的，那为什么人家负债率这么低？因为他们经历过大萧条，随时随地保持大量现金流，随时随地保持最低负债，立于不败之地。一个真正的企业家不是能赚到多少钱，而是在大萧条的时候能够赚到钱。"

巴菲特也发表过类似的观点：一些人觉得巨额的债务能够让公司经理人更专注于经营，就像一位驾驶员驾驶着一辆轮胎上插着一把匕首的危险车一样，我们都相信这位驾驶员一定会小心翼翼地开车。但是有一点我们不能忽视，那就是这样的车子本身危险性就很大，一旦车子碰到一个小坑就很有可能发生致命的车祸。而在商业这条大道上，到处都是坑坑洼洼。想要驾驶这样一辆车顺利避开所有的坑坑洼洼，实在是太危险了。

1997年八佰伴国际集团宣布破产。闻名于日本乃至世界的八佰伴集团发展历史曲折艰辛，充满传奇，它的创始人阿信之子——和田一夫，将八佰伴从一个乡村菜店开始，一步步发展为日本零售业的巨头。在全盛期，八佰伴拥有员工近3万人，在世界上16个国家和地区拥有450家超市和百货店，年销售额达 5000 多亿日元。八佰伴破产，正值亚洲地区受金融风暴冲击，经济向下调整时期，虽然有种种外部不利因素导致八佰伴经营的失败，然而主要的原因是八佰伴扩张速度过快，负债过高。据香港地区八佰伴的年报资料，在 1988 年八佰半应付贸易欠账只有 300 多万元，不足 1% 的营业额，但到 1997 年，八佰半拖欠的应付贸易账，已增至近 5.5 亿港元，相当于营业额的 13.5%，总负债更高达 10.24 亿港元。最终八佰伴不堪重负，无奈以破产结尾。在企业扩张的同时，如果不对自身负债率进行控制的话，后果常常会很严重，尤其是在金融危机袭来之时。

关于负债率，我们来给大家做一个有趣的比较。2006 年，有一项关于负债率的比较是这样的：作为国内房地产行业老大的万科，一直为自己能够保持 54% 左右的资产负债率而骄傲，因为国内房地产企业的平均负债水平高达 74%，但和黄的这个财务数字很少超过 30%。你说谁是透支严重患者，谁是亚健康患者，谁是绝对健康者呢？

的确，李嘉诚自己也毫不含糊地表示："现金流、公司负债的百分比是我一贯最注重的环节，是任何公司的重要健康指标。在开拓业务方面，保持现金储备多于负债，要求收入与支出平衡，甚至要有盈利，我所求的是在稳健与进取中取得平衡。"这便是稳中求进最为真实的写照。

负债经营对于企业来说犹如"带刺的玫瑰"。如果玫瑰上有非常多的刺，你怎么能够确信自己就能不被刺扎到呢？最好的方法就是，像李嘉诚一样始终保持稳健的财政政策，把负债率控制在尽可能小的范围内；而投资股票就尽量选择没有刺或者非常少刺的企业，这样我们的胜算才会大一些。

做到最好：
先有不懈的努力，才有不老的传说

　　无论从事什么行业，都要比竞
争者做得好一点。

　　最难做到的是赚钱之余，又要令公司内外对你有信心，所以要
清楚无论从事什么行业，都要比竞争者做得好一点，就如奥运赛跑
一样，只要快十分之一秒就会赢。就以我自己来说，我年轻打工时
一般人每天工作 8 ~ 9 小时，而我则工作 16 小时，除了对公司有
好处外，我个人得益更大，这就可以比人赢少许，对于香港今日竞
争这样剧烈的社会来说，这是更加重要。

——摘自《李嘉诚谈领袖之道》

延伸阅读

　　从当初塑胶业起家，李嘉诚先后涉足了地产、石油、货柜码头、电讯、
网媒、零售、航运等。一路走来，李嘉诚从来不满足于一个行业领域的成功，
他随时都在关注商海潮流，每一次小小的波动，李嘉诚总能依靠着他敏锐
的嗅觉在第一时刻洞悉，从而转战商海的各个战场。李嘉诚的这番经历在

诸多人看来有些"善变"。

如今李嘉诚的实业帝国已经跨越全球多个国家地区，涉及多个行业领域，然而令人们不得不称叹的是，不论李嘉诚踏足哪个行业，似乎他总能得心应手。或者说李嘉诚是干一行，精一行，每一次新的尝试与冒险，李嘉诚总是准确分析计划，然后大胆投资，精到运营，所以从"塑胶花大王"到地产巨擘，再到货运霸主、3G先锋……李嘉诚的实业开拓，从不是盲目跟风，他奉行的是要做就做最好。

李嘉诚曾经说道："现在其实我们有很多新的行业，比如生物科技，还有很多现在还没有人知道的行业，我们都在发展。这类新的行业，需要的资金并不太多。但是传统行业如果能够配合新的technology，就能发展更好，赚更多钱。我们每一家公司都这样做。除了在香港、内地之外，我们还在国外27个国家发展，到今天为止，我们在每一个国家的发展都是非常非常好的。所以传统行业配合IT行业那就是wonderful。"

虽然李嘉诚现在已经86岁高龄了，而且整个社会以一种更加快的节奏不停地发展着，新兴行业的诞生较之前的传统行业时代相比，更是不知道快了多少倍。但就是在这样的情况下，李嘉诚仍旧秉承着"做到最好"的标准不懈努力着。或许正是有这种不懈努力的精神，才有李嘉诚"不老的传说"。

然而，李嘉诚这么做，其实有着另外的一个原因。李嘉诚个人是一个非常注重企业品牌与形象的人，他所理解的品牌形象，绝对不只有善举，还有企业实力的本身。只有将自身的实力做到最好，才是对企业形象的真正塑造，才是对企业最负责任的表现。

Business Develop

并不只有李嘉诚一个人这么看，名列亚洲富豪第12位的菲律宾首富陈永栽也对此持相同的观点。这位同样有着儒商美誉的华裔商人，以他的商海"72变"而为人们津津乐道。

已是耄耋之年的陈永栽，多年来占据菲律宾富豪榜的前列，拥有"银行大王""烟草大王""啤酒大王""航空大王"等众多称号。和很多富人不同的是，首富陈永栽的座驾不是豪华轿车，而是一架直升机，从家中到公司写字楼只需要5分钟，这是为了最大限度地压缩非办公时间，把尽可能多的精力用于旗下企业众多事务的处理上。陈永栽常常坐着直升机在马尼拉上空飞来飞去，指挥他的商业王国运作。

处变不惊、越挫越勇是陈永栽从古书中悟出的处世态度。东南亚金融危机的爆发，使陈永栽在各地的投资蒙受了巨大的损失，但他却泰然处之，做大大影响，做小小影响，不做就不会受影响。

1995年，陈永栽进入菲律宾航空公司担任董事长兼行政总裁。在他接手时，菲律宾航空公司已经面临严重的财政危机。此后，东南亚金融风暴、工潮等重大袭击不断，菲律宾航空公司风雨飘摇。当陈永栽被问及为何投资长期亏损的菲律宾航空公司，又如何扭转乾坤，他引用了汉朝名将班超的故事来解释这个问题，他说：不入虎穴，焉得虎子？没有置之死地的决心，哪有死而后生的变数？

陈永栽勤俭节约，有着中国人的传统美德，既有鸿鹄之志，又脚踏实地。他行事果断，却又缜密严谨，因此被称为"72变"的儒商。说他是"儒商"，是因为陈永栽喜爱中国古典文化，并把这些文化应用在处理问题上。陈永栽自幼喜欢中国古典文学，《三国演义》《二十四史》《易经》等都能侃侃而谈。陈永栽还写过一本书——《老子章句解读》，在书中，他把对《老子》的理解融入自己跌宕起伏的人生经历中。祸兮，福之所倚；福兮，祸之所伏。在老子的辩证思想的影响下，人弃我取成了陈永栽的经商理念。

陈永栽是一个传奇。从平凡到辉煌，从贫穷到富有，这样的经历听起来更像神话。对怀抱梦想的年轻人来说，陈永栽的经历又是一个精彩的梦想成真的例子。陈永栽向他们证明了，通过个人奋斗获得成功不仅是故事，而且是可以实现的现实。

陈永栽 1934 年出生于福建省晋江市一个普通家庭，父亲陈延奎在一家烟厂做工。当时，日寇侵华，闽南沿海一带战火纷飞，民不聊生。年仅 4 岁的陈永栽随父母远渡重洋，背井离乡来到昔日被人们称为吕宋的菲律宾谋生。几年后，父亲身患重病，只得举家陪同父亲回乡治病。当跟随叔父重返菲律宾时，陈永栽已经 11 岁。为了补贴家用，他只好在烟厂当童工。他白天干活挣钱，晚上挑灯夜读，以顽强的毅力修完了中学课程，并以优异成绩考上了远东大学化学系。之后，他半工半读，完成了大学课程。毕业后，他在一家公司任实验室助理，不久就被提升为业务经理。

1954 年，年仅 20 岁的他和朋友合资开了一家玉米淀粉加工厂，不赚反赔。这一次的失败　并没有击垮意志坚定的陈永栽，他曾说，任何事情都有好坏两个方面，关键是将不利条件转变为有利的条件。他没有活在失败的阴霾中，而是以昔来的钱创立了甘油公司和化学原料公司，这让他初尝了赚钱的滋味。

11 年后，陈永栽经过缜密的考察后卷土重来，在马里拉市郊购买了一块土地，创办了福川烟厂。到 20 世纪 70 年代末，福川卷烟厂已发展成为全菲最大的烟厂，产品占据菲律宾卷烟市场的七八成，并辐射到香港和东南亚各国。1979 年，是福川香烟的鼎盛时期。在当年举行的第 13 届世界巴黎香烟质量评比会上，陈永栽烟厂生产的香烟一举夺得了三枚金牌和一枚银牌。从此，他的福川牌香烟全面打入了国际市场，在欧美、日本、中东的香烟市场上都占有一席之地，陈永栽本人也因此成为名副其实的东南亚烟草大王。

20 世纪 70 年代起，陈永栽开始涉足进出口贸易和房地产，先后创办了椰油厂、肥皂厂、石棉厂、电子厂、炼油厂和养殖场等企业。70 年代后期，陈永栽又将目光瞄准金融业，创办了菲律宾联盟银行，并亲任董事长。目前，联盟银行在菲律宾国内有近百家分行，成为菲律宾华资三大银行之一。80 年代，陈永栽开始进军海外。他首先瞄准的是作为国际金融贸易中心的香港，在港设立了自己的海外发展基地——福川贸易公司和新联财务公司。1981 年，为了满足在美国大市场投资业务的发展，他在美创办了美国海洋银行。此后，陈永栽看好大陆的发展前景，投资 3 亿元人民币，创建了厦门商业银行。

陈永栽的身上有一股和李嘉诚极为相似的执着劲，那就是一件事不干则已，要干必干好。而这也一直是被公认为陈永栽的致富秘诀。陈永栽一直坚信物极必反的道理，他总说，人被逼到墙角就会反弹，发挥出惊人的力量。在商场上开疆辟土，绝对不能抱着随随便便或者跟风的心态，要么不做，要做就做到最好。

把 90% 的时间
用于思考失败

了解细节与弱点，才能在事前
防御危机的发生。

从前我们中国人有句做生意的话，"未买先想卖"，你还没有买进来，你就先想怎么卖出去，你应该先想失败会怎么样。因为成功的效果是 100% 或 50% 之差别根本不是太重要，但是如果一小漏洞不及早修补，可能带给企业极大损害，所以当一个项目发生亏蚀问题时，即使所涉金额不大，我也会和有关部门商量解决问题，所付出的时间和以倍数计的精神都是远远超乎比例的。

我常常讲，一块机械手表，只要其中一个齿轮有一点毛病，这块表就会停顿。一家公司也是，一个机构只要有一个弱点，就可能失败。了解细节，经营能在事前防御危机的发生。

——李嘉诚接受《商业周刊》的专访

延伸阅读

1950 年起，22 岁的李嘉诚就开始在商场上创业发展，一步步地由"塑料花大王"走向了"地产大王",成了世界华人的首富。在半个多世纪的漫长岁月中,他成功地将事业大胆地扩张到世界各大洲的 55 个国家。李嘉诚的公司经历过太多次经济周期和政治局势变化,从一个塑料花厂到今天拥有全球最大的集装箱码头公司及化妆品零售集团、横跨欧亚的 3G 移动网络、日产三十多万桶石油的能源公司,如此强烈的内、外变化下,他从来没有过一年的亏损纪录。李嘉诚是如何做到万无一失,从不翻船的?

花 90% 的时间考虑失败——或许这句话可以诠释李嘉诚成功的原因。对此,李嘉诚曾经解释道:"一定要先想到失败。一个机械手表,只要其中的一个齿轮有了一点毛病,这个表就有可能停顿;一家公司,只要其中一个机构有了一个毛病,这个公司就有可能垮台……只有将多种失败的可能性都考虑进去,才有可能与成功面对面接触。"

花 90% 考虑失败,为的就是不停研究每个项目要面对可能发生的坏情况下出现的问题,所以形成了居安思危、多考虑失败的习惯。这是保证一个企业走向成功的清醒剂。故步自封、陶醉于成功,则是走向失败的迷魂汤。"花 90% 的时间考虑失败",实质就是向最坏处打算,向最好处努力。

德鲁克说过,如果不着眼于未来,最强有力的公司也会遇到麻烦。确实,德鲁克的这句话与李嘉诚可谓不谋而合。也正因为这样,李嘉诚才有了今天的辉煌,向业内乃至世人展现了一份漂亮的业绩单。

Business Develop

成功之人之所以成功,常常有着很多与众不同的东西。一个商人如果没有超前的忧患意识,不能居安思危,沉浸于一时得以成功的自我满足中,那么 90% 的失败就极有可能不是想象,而是事实了。

李嘉诚的这番成功箴言,令很多追逐成功的人士眼前一亮。和诸多成功真经相比，李嘉诚的这番话可谓是"反其道而行之"。纵观现在市场上铺天盖地的成功类书籍，分条列项地向诸多不同层次的读者介绍着成功的诸多秘诀，打着"速成"的招牌吸引着读者的眼球。但成功不是流水作业可以量产的，唯有手工雕琢才能成就。审视自己，找到自己的弱点，花时间考虑失败才是最重要也最有效的。

俞敏洪的账上始终趴着两亿现金，目的就是防止遇到"非典"这样的特殊时期；史玉柱的账上也始终趴着两亿现金，而且很多资产都可以在一个月内迅速变现，目的就是使企业在再次遇到巨人大厦倒塌的相似局面时能安然度过；李嘉诚的账上始终趴着"两亿现金"，很多资产可以迅速变现，就是为了防止"金融风暴"这样的大灾难……把90%的时间花在考虑失败上，成功人士用其实际行动证明了"失败"的重要性。然而，常人想成功，都是把心思花在了琢磨着如何能成功上。一左一右，大相径庭。

史玉柱曾经在《赢在中国》上说过一句话，似乎恰恰印证了李嘉诚的观点，史玉柱说"90%的困难是你连想都没想到过的"。李嘉诚想到了，于是李嘉诚成功了。

的确，一心想成功，便会忽略很多危险。只有边为成功而努力，边留心身边的陷阱、危险分子，才能在风险来临之前及时化解，成功才能步步临近。把可能导致失败的因素考虑得越充分，成功的把握才会越大。

关于思考失败，中国著名企业家马云曾经说过一句非常经典的话："对所有创业者来说，永远告诉自己一句话：从创业的第一天起，你每天要面对的是困难和失败，而不是成功。困难不是不能躲避，不能让别人替你去扛。"这句话对于所有的企业经营者来说，无疑有着醍醐灌顶般的启示。在企业最开始创立的时候，失败与困难是每家企业每天都挂在嘴边与心头的事情，所有的人都在为企业能不能继续运作下去而发愁。令人称奇的是，只要大环境不是太糟糕的情况下，很多企业都在创立之初坚持了下来，而且从最

175

开始的一无所有，渐渐发展到稍有规模。

有一个业外的道理可以解释这种业内现象：学骑车的时候，一般都难得摔跤，摔得最惨的时候，往往是刚刚学会点皮毛的时候。企业经营也是如此。在每天都思索创业失败可能性的时候，企业反而不容易出问题，在看似步入正轨的时候，问题开始接踵而至了。对于成熟运作的企业更是如此，而且这种危险的信号可能隐藏得更深。

危机意识的核心是"企业最好的时候往往是下坡路的开始"。要求管理者具有忧患意识，要居优思劣、居安思危、居盈思亏、居胜思败，其目的就是预防危机的到来。海尔总裁张瑞敏曾说过："没有危机感，其实就有了危机；有了危机感，才能没有危机；在危机感中生存，反而避免了危机。"

一个真正成功的商人应当随时具备忧患意识，强化战略的预见性和未来性，善于居安思危，像李嘉诚一样花 90% 的时间想失败。这不是为了失败而做功课。而正是为了那个梦寐以求的成功做功课。在稳健中求发展，发展才有成功的保障。去掉了稳健，去掉了对失败的警觉性，那么，失败的阴影很可能就此笼罩眉头。

"向最坏处打算，向最好处努力"，或许这句话才真正昭示了成功的秘诀所在。

知己知彼，
更要知彼之长

人们经常花很长时间去发掘对手的不足，其实看对手的长处更是重要。

做任何决定之前，我们先要知道自己的条件，然后才知道自己有什么选择。在企业的层次上，身处国际竞争激烈的环境中，我们要和对手相比，知道什么是我们的优点，什么是弱点，另外更要看对手的长处，人们经常花很长时间去发掘对手的不足，其实看对手的长处更是重要。掌握准确、充足数据可以做出正确的决定。

——摘自《赚钱的艺术》

延伸阅读

在一次谈话中，李嘉诚提到了企业经营过程中，要"知己知彼"这一概念。

"20 世纪 9C 年代初，和黄原来在英国投资的单向流动电话业务经营并不好，面对新技术的冲击，我们觉得业务前途不大，决定结束。这亦不是很大的投资，我当时的考虑是结束更为有利。与此同时，面对通讯技术变化很快、市场不明朗的关键时刻，我们要考虑另一项刚刚在英国开始的电讯投资，究竟要继续，或是把它卖给对手？当然卖出的机会绝少，只是初步的探讨而已。我们和买家刚开始洽谈，对方的管理人员就用傲慢的态度跟我们的同事商谈，我知道后很反感，将办公室的锁按上了，把自己关在办公室 15 分钟，冷静地衡量着两个问题：第一，再次小心检讨流动通讯行业在当时的前途看法；第二，和黄的财力、人力、物力是否可以支持发展这项目？当我给这两个问题肯定的答案之后，我决定全力发展我们的网络，而且要比对手做得更快更全面。Orange 就在这环境下诞生。当然我得补充一句，每个企业的规模、实力各有不同，和黄的规模让我有比较多的选择。"

知己知彼，指的是对自己和对手的长处短处都心知肚明，一般人认为，要战胜对手，就应该集中力量，朝对手的弱点发动进攻。在关于长处和短处的对比中，李嘉诚认为，知"他人之长"才是最重要的。知彼之长的意义究竟在哪里呢？

Business Develop

知道对手长处的最大作用在于，能够对比得出自身的不足，从而为自身企业的改进提供参照。

新希望集团总裁刘永好有一次去韩国参观一家面粉企业。那家面粉厂是西杰集团的下属企业，有 66 名员工，每天处理小麦的能力是 1500 吨。听完介绍之后，刘永好非常惊讶，他没想到一个只有几十名员工的小厂，工作效率竟如此之高。要明白，在国内，同等规模的企业一般日生产能力只有几百吨，但员工往往达到几百人。即使是效率高于国内行业标准的企业，如刘永好自己的新希望集团，其250吨日处理能力的工厂也要七八十名员工，效率仅仅是韩国这家工厂的1/6。

刘永好是一个很虚心的人，他看到别人有如此高的效率，便想弄明白其中的秘密，然后按照他们的方法整改自己的企业。于是，刘永好与这家工厂的管理层进行了深入交谈。刘永好了解到，这家企业在中国也投资办过厂，不过，其中国分厂的日处理能力仅为250吨，工人却有155个。这更让刘永好疑惑了，为什么同样的投资人，设在中国的工厂与韩国本土的工厂之间生产效率居然相差10倍之遥呢？

为了搞清真相，刘永好又找到了那家工厂的厂长，虚心请教，问他们为什么同样的设备，同样的管理，设在中国的分厂却需要那么多人。那位厂长没有直说，而是含蓄地回答："可能是中国人做事不到位吧。"

回国后，刘永好一直在思考这个问题。经过多天的思索，他终于找到了答案，其实问题还是出在管理上。即使韩国的工人确实比我们的效率高，但也不至于高出10倍以上，这是不可能的。问题的关键在于，他们在中国办的厂，虽然设备等一样，可是管理模式还是接近中国化的。因为我国工业起步比较晚，所以管理上较为落后，因此很多时候虽然员工们力气没少出，却并没有效率。而韩国工业化程度较高，因此管理上更加完善，也更科学，能够发挥出更大的效率。

想明白之后，刘永好就开始重新思考自己公司的管理制度了。经过长久的努力，他的员工也有了更高的效率。

任何一家企业，能取得成功都不是偶然的，必然有其关键因素。像刘永好这种从养殖业起家，最后成长为国内首富的，就更是如此了。刘永好成功的因素很多，其中之一就是虚心。正是因为足够虚心，所以他能看到自己的短处和别人的长处，并能弯下腰来学习别人的长处。这样，他就有了更快地发展企业的基础，因为他的企业融合了各家之长处。

在这里需要顺带提到的是，知道"对手的长处"，这个"长处"也是有保质期的。历史上的经验只能留作参照，作为新方案的一个思路启源，不能当作圭臬。

稻盛和夫的经营思想，曾经影响了一代日本企业。"活法"和"干法"的观点，一直被索尼、日立之类的大企业推崇备至。丰田公司，更是将"阿米巴"工作法推向了极致。但是很少有人注意到，在稻盛和夫经营思想流行的 30 年间，诸如京瓷之类的日本大企业，却步步走向衰落，一些曾经笑傲市场的日本具有象征性的公司，都走向衰落甚至破产消亡。

其实，阿米巴工作法，本来是稻盛和夫生活时代的一种技术优势的方法总结而已。在那个成本和质量为王的时代，稻盛和夫在经营中发现，只要精确地衡量工作的流程，快速纠错，循环往复，就可以在技术不变的条件下，超越对手。

这本来只是一种流程艺术。可是随着时代的变迁，特别是互联网的时代，错误和不精确的流程成为创新和改进的灵感源泉。人们也不再单独地偏好质量和价格，死守这一规矩的日本企业沉溺其中，却很少能够自动地适应市场和流程的变化，自然也就错失了企业自行改造的机会。

稻盛和夫的经营思想，在当时来说，算是整个行业中的"优势"了，而且可以说是优势中的精华。但是，如今的经济时代是一个快速发展的时代。在不同的阶段，企业出现的问题、解决的方式都是不同的，轻信所谓一套制度包打天下的经验是非常危险的。过去的优势，放在今日说不定就是劣势。

在充满竞争的商业战场之中，掌握对手的长处是一种生存与竞争手段，提升自身的竞争实力才是最本质的目的。正如前文提到的新希望集团的事例一样，在感慨对方创造的奇迹的同时，要将这种优势内化到自身的企业之中，为己所用。

收购置地：
不急而速才能迎接胜利

久盛必衰，这是先父曾经跟我
多次提到的道理。

　　记得先父生前曾与我谈久盛必衰的道理，我常常以此话去验证世间发生的事，多有验证。久居香港地产巨无霸地位的置地，近10年来，发展业绩并非尽如人意，势头远不及地产后起之秀太古洋行。我们长江，草创时寄人篱下栖身，连借来的资金合计才5万港元。物业从无到有，达35万平方（英）尺。现在我们集中发展房地产，增长速度将会更快。因此，超越置地，是完全有可能的。

　　　　　　　　　　　　　　　　——摘自《李嘉诚如是说》

延伸阅读

　　李嘉诚连续多年稳居全球华人首富宝座，他似乎就是"成功"与"奇迹"的最佳代言人。细数他的成功，房地产业无疑是其中最主要的利润来源之一。然而，最初只是卖塑料花的李嘉诚，如何实现了这一转变，牢牢把握住了新时期"第三产业"的机遇呢？新时期下的李嘉诚又是如何以不疾而速的方式获得胜利的呢？这要说到李嘉诚当时与香港置地有限公司之间的故事。

1971 年以后，无论是从国际大环境还是中国内地大趋势来看，一个香港社会经济的大繁荣时代似乎呼之欲出。李嘉诚很敏锐地把握住了这一点。他将眼光锁在了地产业上，并且似乎从中看到了源源不断的财富。

1972 年长江实业上市时，李嘉诚便提出了赶超置地的远大目标。当时置地在市场上实力强大，世人言"撼山易，撼置地难"，可见其地位之牢固。所以，李嘉诚的"远大目标"遭到了很多人的质疑，的确二者实力悬殊，仅就地盘物业比，长实仅有 35 万平方英尺，而置地拥有千余万平方英尺。不过，事实能够证明一切。到 1979 年，长实的地盘物业迅速增至 1450 万平方英尺，置地则仅有 1320 万平方英尺，长实实现了赶超置地的目标，拥有的地盘物业首次超过置地。20 世纪 80 年代，长实的四大屋村，规模庞大，成绩不俗，令人刮目。《信报》在 1986 年初次刊出香港十大财阀榜，长实位居首位，李嘉诚实现了自己当初赶超置地的宏愿。

在李嘉诚看来，置地的衰落就是一种历史趋势的必然。

置地拥有怡和旗下最大的资产。从"未有香港，先有怡和"这句话中足见怡和在香港的重要地位。1832 年，怡和洋行在广州成立。在百余年的发展中，怡和形成了庞大的商业系统，囊括怡和、置地、牛奶国际、文华东方等一批大型公司，涉足物业、酒店、超市、连锁店等领域。凯瑟克家族作为第一大股东，掌握着怡和 10% ~ 15% 股权。基于此，怡和被视为凯瑟克家族的基业。不管从那个角度来看，置地都是不可战胜的。

然而，置地的一些策略让李嘉诚发现了潜藏的机遇。20 世纪 70 年代，怡和因海外投资战线过长、资金周转困难等多种原因逐渐失去了昔日的风采。20 世纪 80 年代初，置地在香港进行巨额投资，负债达 100 亿港元的天文数字，债台高筑，陷入困境。当时香港市场陷入低迷，致使原本实力雄厚的置地也偿债无力。在银行逼债的情况下，凯瑟克亦无力扭转乾坤，无奈之下只能将其持有的港灯及电话公司的股份相继出售给长实系和黄和英国大东电报局。1984年间，怡和、置地更是举步维艰，元气大伤，债台高筑也大大打击了投资者的信心，股价滑落。当时，怡和市值仅30亿港元左右，置地仅100亿港元。一切数据表明，昔日的大势似乎已经离置地而去。

事情就是这么凑巧。1987年10月19日，恒指暴跌420多点。无奈停市数天后，26日重新开市，恒指再泻1120多点。港商则战战兢兢、如履薄冰，自保成为首要任务，不敢再有收购的非分之想。凯瑟克更是焦虑不安，置地股票跌幅约四成，前途难料。

就在行情一片惨淡的时候，李嘉诚提出"百亿救市"的策略。这一意外的举动立即引来了外界的纷纷猜测，庞大的资金是否指向收购置地之用。也正是李嘉诚的这一举措成功挽救了香港的股市，使得恒指成功回攀，地产行情慢慢地好转起来。

然而，李嘉诚并没有借此机遇"强购"置地。

虽说李嘉诚作为商人要从商业利益的角度考虑问题，但是，他始终秉承着"善意"原则。收购对方的企业也是充分尊重对方，通过心平气和的谈判达成共识。一旦遇到对方坚决反对，他会理智地放弃，不会以一些条件作为要挟，置对方于不利境地，更不可能逼迫对方达到收购目的。当时的置地虽然身陷困境，但是实力尚在，一味穷追猛打，反倒适得其反，于己于人都不利。也正是李嘉诚在冷酷无情的商场上所表现出来的这种"善意"，常常使得更多的人甚至是对手愿意在后来的合作中选择李嘉诚。

1988年1月，长实再推出两大屋村即丽港城、海怡半岛。1995年，长实推出了第四个大型屋村嘉湖山庄，至今仍是香港最大的私人屋村。1996年6月底，香港上市地产公司的排行榜上，长实以281.28亿港元的成绩赫然位列榜首，而多年来在香港地产业发展壮大起来的老牌英资置地以

216.31 亿港元，名列第三。

这一天，李嘉诚在公司股东大会上说：我们用 24 年的时间终于彻底赶超了置地。

正所谓"长江不择细流，故能浩荡万里"，成就李嘉诚的，正是这番不急不躁、慢慢积累的作风。当然，这有一个前提，因为李嘉诚认定了两个趋势：第一，地产业必将在相当一段时间内长盛不衰；第二，传统行业的公司久盛必然衰败，因此，李嘉诚"不疾而速"的战略才能显现成效，方向不对，无论如何努力，只会铸就南辕北辙的结局。

Business Develop

谈到企业的经营之道，快慢其实并不是最重要的，核心竞争力才是最重要的。在掌握核心竞争力的情况下，快速发展能让企业步入一个良性循环，否则，一味地求快发展必然会增加企业自身的负担。

如今，随着经济水平的快速增长，很多企业家单纯地认为必须加快企业的发展步伐，才能紧紧跟住市场脚步，抢占先机。事实上，这是一个错误的观念，因为快速发展只在具备以下三个条件的时候，才能真正快起来。

第一，能否将对手挡在身后。当一个市场的准入门槛很低的时候，以高昂的费用抢占市场是很不划算的，因为对手完全可以采用复制的方法稍后进来，而且消耗的成本也更低。只有当市场中的大客户被你锁定的时候，才能获得市场中的大头，使得"肥水不流外人田"。

第二，市场的潜能是否够大。这需要做提前的预判，预判得准确与否，与前期的市场调研与产品直觉有关。潜能越大，越值得抢占，越值得投入。否则，就会导致竹篮打水的局面。

第三，也是最为重要的一点，仔细考量企业现阶段的依赖因素。如果所依赖的因素企业自身无法控制，那么过度求快无异于将企业推上绝路。对操作速度也有着至关重要的影响。特别是核心技术、核心资源这类决定企业命脉的因素没有掌握在自己手里时，就更不应该求快了。

近年来最典型的莫过于团购行业的"大浪淘沙"。根据团800提供的数据显示，2011年9月，全中国的团购网站有5058家，达到了行业的巅峰时期，而仅仅过了9个月，这个数量就锐减到了2976家，缩水达40%，其中不乏曾经名噪一时的24券等大的电商商家，整个行业瞬间又回落到了一个低谷状态。由于团购行业的准入门槛很低，而且操作模式简单，成功很容易被复制，导致同类竞争非常激烈，不论大小商家，都无法真正做到守护自身的目标客户，将其他的同类竞争对手排除在外，但几乎所有的商家都做到了盲目扩大规模，一味求"快"，最终使得大批的团购公司裁员甚至倒闭。

走在"适速"的道路上，才能让企业在不落后于对手的前提下稳步前进，才能让企业的基业更为深厚，走得更远。"不疾而速"表达的正是这个道理。

第八章

拼的就是品牌：德行天下，无为而治

拼在德行——用钱砸出来的是名牌，以德养出来的是品牌。

诚信就是
最好的广告

**我深信忠诚、正直、公正无私及
同情心是重要和不可替代的价值观。**

    我们都痛恨世界上现存的不正义和不公平现象，但我们可带来改变的能力却有限；然而我深信忠诚、正直、公正无私及同情心是重要和不可替代的价值观。如果有人对你说这些人生观已不合时宜及不适用，这不令我感到惊奇，对于某些人来说，为了追求商业上的成就，或要牺牲以上的价值观。当然现实中的商业社会是需要不断更新求变，但我深信在获取更多盈利及更高效率所带来的巨大压力下，也不应牺牲了我们维护公平及减除疾苦的决心。如果我们选择只为追求金钱及权力，而牺牲人类高尚情操的话，则一切进步及财富的创造都变得没有意义。

——摘自《建立一个新的大同世界》

延伸阅读

有人将企业的主人比作一船之长并不是没有道理。只有船长正确航行，才能力避风险到达彼岸。即便是出现失误，只要能尽早改正，便能尽早走上正轨。

面对产品积压，没有进账，原料商仍按契约上门催交原料货款的情况，李嘉诚心急火燎，但只能诚恳地赔罪，保证尽快付清货款。然而原料商似乎并不相信李嘉诚真的能扭转局势，要不出欠款，便扬言要停止供应原料，并要到同业中张扬李嘉诚"赖货款的丑闻"。这无疑是一招撒手锏。李嘉诚明白，如果这样，也就再也无力回天了。

与此同时，被称作"势利眼"的银行得知长江陷入危机的消息，便派职员来催贷款。已经焦头烂额的李嘉诚不得不赔笑接待，恳求银行放宽限期。因为，银行掌握企业的生杀大权，长江面临遭清盘的危机。

在这种情况下，李嘉诚咬牙坚持，仔细查看产品后归类，发现长江厂只剩下半数产品品和尚未出现质量问题，于是决定暂时裁减员工。李嘉诚召集员工开会，他坦诚地承认自己经营错误，不仅拖垮了工厂，损害了工厂的信誉，还连累了员工。他向这些天被他无端训斥的员工赔礼道歉，并表示，经营一有转机，辞退的员工都可回来上班，如果找到更好的去处，也不勉强。从今后，保证与员工同舟共济，决不只顾保全自己，而损及员工的利益。

紧接着，李嘉诚一一拜访银行、原料商、客户，向他们认错道歉，并保证在放宽的限期内一定偿还欠款，对该赔偿的罚款，一定如数付账。李嘉诚毫不隐瞒工厂面临的随时都有可能倒闭的危机，恳切地向对方请教拯救的对策。

李嘉诚的诚恳，得到他们中大多数人的谅解，银行不再发放新的贷款，但表示可以放宽偿还贷款的期限。原料商同样放宽付货款的期限，对方提出，长江厂需要再进原料，必须先付70%的货款。而那些依旧埋怨指责"长江"的客户，最终也都被李嘉诚的诚意打动，表示可以谅解。

这些措施让李嘉诚终于抢得了一些时间，十分有限的回旋余地仍然让他看到了希望。李嘉诚半刻不懈怠地抽调员工，对积压产品进行了彻底严肃的普查。对于质量不合格或款式过时的一部分进行返厂重造，对于质量一般的，基本可以做正品推销的产品，全部以极低廉的价格，卖给专营旧货次品的批发商，或者自己外出亲自向散户推销。这样一方面不会再损害长江的信誉，另一方面可以暂时回收一部分资金以偿还部分债务。这样，在逐步回笼中，李嘉诚的长江塑胶厂终于出现转机，"封厂"危机解除了。

　　后来，李嘉诚在谈到这次危机时表示，人们过誉称我是超人，其实我并非天生就是优秀的经营者，到现在我只敢说经营得还可以。我是经历过很多挫折和磨难，才悟出一些经营要诀的。此话不虚。

　　经商讲究信誉，这就是一种品牌。坚持守信可能会在某些情况下吃点儿亏，但确是干大事业者必不可少的素质，与响当当的名头。要发展事业，更需要具备品牌意识。纵观世界各大品牌，无不在好质、好量、好服务上下足功夫，这就是品牌。好中最好。

　　李嘉诚重视自己的品牌、信誉，他说："信誉是我的第二生命。"当他的建筑形态遭到民众的反对时，他会选择放弃，即便是已经投入很多。这就是品牌，不会抢夺，理性而宽容。也因此，李嘉诚名扬海外，他的名片即是他的品牌，他的品牌即是他的信誉，从而赢得了无数次抢先获得信息的先机。

Business Develop

　　打造驰名品牌，离不开企业的信誉，只有让品牌与信誉互为依托，才能增强消费者对企业的认可度，才能让企业在激烈的市场竞争中争得一席之地。而这一切，都归结在一个"诚"字之上。

营销大师科特勒曾这样说过：事实上，市场上成熟的产品越来越多，竞争者大致类似，企业必须用品牌树立在人们心目中的形象。有些成功的企业，不论它涉足什么行业，人们都购买它的产品，因为它有品牌。

闻名于世的雀巢公司始创于 19 世纪中叶。公司建立以后，发展非常迅速，产品线不断拓宽和加长，然而在这种情况下，雀巢公司并没有一味采用当时所通行的品牌延伸策略，将 Nestle 品牌应用到其所有的产品上。因为它清醒地认识到：在食品行业，当品牌过度扩展到太多不相关联的领域时，消费者的品牌联想力和品牌认知度就可能会逐渐减弱，从而削弱品牌原有的内在魅力，最终使公司的品牌成为一个没有特点、特色和竞争力的简单符号。

基于这种认识，雀巢公司实施了一种颇具特色的品牌策略，建立起公司品牌和产品品牌既相互促进又相对独立的金字塔形品牌体系。雀巢公司非常重视品牌管理工作，专门设立了战略经营总部来负责雀巢各品牌的连续发展和在相关领域的效能。采取不同的品牌定位方式为家族品牌定位，并利用家族品牌的力量进行延伸，经过多年的发展，公司的各种产品品牌力量不断壮大，市场形象不断提升，使得这个品牌金字塔的塔基更加坚实，从而也使得位于塔尖的 Nestle 品牌日益耀眼夺目。

雀巢的经验与李嘉诚虽然不完全相同，但二者有着同样的品牌理念。雁群高飞头雁领，不论飞行还是栖息，都能看到头雁的引领，头雁在雁群中是最强壮、最敏锐的那一只，所有的大雁都服从头雁的指挥，并无条件地接受它的队形引导。

一名出色的商人要成为商场中的"头雁"，要在天空中飞得高，飞得好，不是一件容易的事情。自然，每一位商人都想成为一只"头雁"，"不想当将军的士兵不是好士兵"，于是，这里就涉及一个"个人品牌"的问题，只有"品牌"打造得够强、含金量够高，管理者才有资格做那只"头雁"。

其实"品牌"，不仅仅是企业、产品的品牌，管理者个人同样拥有品牌！而李嘉诚无论是他的企业品牌还是其个人品牌，都已经形成一笔无形的资产，成为他事业辉煌的重要支柱，然而，成就这一伟大"品牌"的，是我们所有人都耳熟能详的诚信。

从不
轻易许诺，许诺从不食言

如果取得别人的信任，你就必须做出承诺，一经承诺之后，便要负责到底。

讲信用，够朋友。这么多年来，差不多到今天为止，任何一个国家的人，任何一个省份的中国人，跟我做伙伴的，合作之后都成为好朋友，从来没有一件事闹过不开心，这一点是我引以为荣的事。如果取得别人的信任，你就必须做出承诺，一经承诺之后，便要负责到底，即使中途有困难，也要坚守诺言。

——摘自《李嘉诚如是说》

延伸阅读

看过李嘉诚，就常常会想到"一诺千金"这个词，似乎应该更为确切地说，"一诺亿金"。自然，这只是玩笑话，但看过实事，你会有一个更为清晰的印象。

引文中提到了李嘉诚的一个观点："如果要取得别人的信任，你就必须做到重承诺，在做出每一个承诺之前，必须经过详细的审查和考虑。一经承诺之后，便要负责到底，即使中途有困难，也要坚守诺言。"李嘉诚自己也是这么做的。

1993年香港的经济因受世界经济危机周期的影响出现不景气，李嘉诚长实集团的生意受到严重影响。1992年该公司净利下跌5.256亿元，比1991年下跌62%；1993年，该公司净利继续下跌4亿多元。社会上纷纷传闻："李嘉诚不准备办汕大了！"

但李嘉诚没有这样做，他立刻写信给汕大筹委会主任吴南生承诺："鉴于汕大创办的成功与否，较之生意上以及其他一切得失，更为重要。"同时强调："我在事业上，一切都可以失败，但汕头大学一定要办下去！"

一声承诺，重于泰山。下承诺很容易，履行诺言却并不轻松。汕大从1981年创办至今23年，李嘉诚捐资已逾20亿港元。捐出这笔巨资，他属下的长江及和黄集团要达到1100亿元的营业额，才可能有20亿元的税后股息，真是"一诺亿金"啊！

在李嘉诚看来，一诺千金，就是自己说话一定要算数，自己许下的诺言一定要去实现它。财富人物、"股市金手指"黄鸿年曾经说过，在经商与人生道路上，除了父亲之外，李嘉诚是对他产生很大影响的人。他用一种极为朴素的语调讲述透露出了李嘉诚重义不重利、一诺千金的良好品德。

据他回忆，1989年，他向李嘉诚购买加拿大温哥华世界博览会旧址的3栋建筑，谈妥以4000万美元成交。之后，市场价格开始上涨，李嘉诚的一个儿子提出要再加500万美元，黄鸿年没有同意，因此产生一些周折。李嘉诚知道后出面调停，请黄鸿年吃饭，当面给儿子打电话，要求他按照原价进行交易，并特别强调："这件事一定要圆满解决！"

黄鸿年说，诚信不单体现在做生意方面，是否守时等小细节，也是一个人重视信誉的体现。李嘉诚就非常注重小节。一次，李嘉诚请黄鸿年一起午餐，因为在牙医诊所耽误了一些时间，所以迟到了 5 分钟，到了之后他一再道歉，请黄鸿年不要介意。当时李嘉诚已经功成名就，而黄鸿年只是初绽锋芒的商场新兵。听着前辈一再道歉，黄鸿年反而觉得非常不好意思。

Business Develop

重视承诺的企业并不在少数，很多企业的管理者正是看到了"一诺千金"背后的价值，才坚定不移地奉行这一点。在著名的海尔集团，多年来，海尔人本着"永远战战兢兢，永远如履薄冰"的经营理念，以市场为导向，以顾客为上帝，不打价格战，把海尔发展成为产品远销全球 90 多个国家和地区的国际化跨国集团。2009 年，海尔被中国企业信誉协会评为"中国产品质量放心用户满意诚信企业"，是同类企业中唯一一个获得此项殊荣的企业。

然而，有的企业忽略了诚信经营这个成功企业核心的理念，致使自身在市场中频频受挫。早年间，诚信危机在日本一些大企业非常突出。2002 年，日本火腿、东京电力、三井物产、丸红、西友超市等著名企业相继发生经济丑闻。日本火腿公司是日本肉制品企业的龙头老大，一直深受日本广大消费者的信赖和爱护。然而，就是这家公司将日本政府因"疯牛病"问题而宣布禁止进口的外国牛肉，作为国产牛肉转售给国家牛肉收购机构。同时，该公司还把次牛肉充当上等牛肉销售给消费者。

东京电力公司是日本最大的电力公司，拥有日本一半以上的原子能发电站。核电站的安全管理问题关系到国民的生命安全，日本政府有关部门对此有着严格的要求。一多年中，东京电力公司不仅隐瞒了多起核电站事故隐患，而且还多次篡改核电站定期检查记录，致使政府有关部门不能及时了解核电站运营的真实情况。

日本综合商社三井物产公司则涉嫌在政府开发援助项目中，采取贿赂、回扣等非法手段获取建设项目，干扰正常的市场秩序，违反了有关法律。日本国税局还查出日本另一家综合商社丸红公司在向阿尔及利亚出口大型印刷机器的过程中，为了获得这批订单，向有关人员支付了数亿日元的回扣。

　　上述日本著名企业的丑闻引发了投资者和消费者对日本企业整体的信任危机，投资者纷纷逃离股市，致使股价不断刷新最低纪录，消费者拒绝购买这些企业的产品。市场不包容失信，市场也不相信眼泪。一个企业要在激烈的市场竞争中脱颖而出或处于领先地位，必须在商品质量、价格、管理、服务等方面坚持信用至上，履行诚信承诺，抓好与诚信关联的系统工程。只有企业真正坚守住商业信誉这道大门，才能真正地获得成功。

　　遵守诺言就像保卫财富一样重要，一旦失去了信用，企业将会一无所有。管理者既然做出郑重的承诺，就应该想方设法地实现它，不应该寻找任何不能兑现的理由。

让对手
都相信你

> 勤奋，守信，建立自己的信用，
> 这些最基本的做人方法才是成功的
> 基础。

书我会写，但想过只是写给两个儿子看，怕有些地方会得罪人。叫我写假话，我平常都不讲假话，写书怎么讲假。书是希望会出，因为不是标榜个人，可能对年轻人有的时候也有用。他们以为现在这个时代为争取到第一可以不择手段，其实我们中国人最古老的文化，最基本的做人方法才是成功的基础。就是说要勤奋，守信，建立自己的信用。不乱花钱，多学多求知，这是你将来的成功秘诀，就是要多取知识。

——摘自《李嘉诚谈企业战略》

延伸阅读

有人曾经向李嘉诚提问，一个人究竟该怎么做才能算是成功？李嘉诚认为：做人成功的重要条件是让你的敌人都相信你，而要做到这点，最重要的就是诚信。由此可见,诚信的重要性的确非同一般。事实上,李嘉诚对"诚信"的理解远远不止这个程度。

长江集团曾经与一家拥有大幅土地的公司进行合作。那个公司的董事长与业内的其他公司关系都非常深厚,而且有着频繁的利益往来,可最终在敲定合作对象的时候,却毫不犹豫地选择了长江集团。很多人担心地问道:"李嘉诚可靠吗?"对此,那位董事长信心满满地说:"李嘉诚答应人家的事,就一定会做到。跟李嘉诚合作,合约签好以后你就高枕无忧,什么麻烦都没有。"让敌人都相信你,你就成功了。

在那次合作中,长江集团赚了很多钱,对方也赚了很多钱,是典型的双赢例子。也正是因为在经商的过程中,李嘉诚将心态放得正,做事行得正,并且讲求仗义,而不是故意将对手踩扁,所以才得到了对手的赞赏。做到让对手都相信你,最重要的还是将诚信摆在第一位。

Business Develop

有这样一些人,他们耍小聪明,爱办"一次性买卖",于是他们没有成功,并且为人所不齿;有这样一些人,他们讲诚信,但只对他们的合作伙伴,对对手、敌人却是无所不用,于是他们有些人过得不错;又有这样一些人,他们讲诚信到执拗,就是吃亏也不违约,就是对敌人也不捅黑刀,于是这种人成功了。最后一类人的其中一个代表,便是李嘉诚。就是这种"不捅黑刀"的有些愚的行为,让李嘉诚做到了让敌人都相信他,都信任他。

让敌人相信你是一个技术活。如果你简简单单以为只是诚信就可以做到,那么很遗憾,你只能归到第二类人,并不能奢想敌人会在利益面前选择称赞你。我们仔细分析一下,会发现李嘉诚所说的"让敌人相信你"其实类似攻心计。让对手相信你信任你,最终成就你。

不得不说，李嘉诚的这番理念有着很高的境界，但回顾现实的竞争环境，却不难发现，很多企业仍旧停留在前两个阶段，其中甚至不乏腾讯及360这样的大牌企业。

新的时代背景下，每家企业都希望自身的业务能朝新的方向发展。腾讯以 QQ 为基础，向各个方面发展，以其强大的市场占有率、强大的客户群体，不断发展吞噬着互联网各个领域。奇虎360是以安全闻名的企业，360安全卫士永久免费的策略，使其以很短的时间占有了绝大多数安全市场份额，也成为继腾讯 QQ 之后第二大客户端软件。

这两个原本在业务上没有太多交集的企业，最终却因为业务的拓展而发生了一系列的微妙联系。腾讯推出了 QQ 医生3.2版本，界面及功能酷似360，同时宣布赠送诺顿防病毒软件半年试用。敏感的360很快意识到 QQ 医生的威胁，一些正在休假的员工被紧急召回以应对这起突发事件。360的快速反应，加上 QQ 医生产品本身并不成熟就匆忙上阵，很多用户陆续卸载 QQ 医生，其市场份额也快速降至10%以下。360成为此次交锋的胜利者。

然而，这仅仅是第一波攻势的完结，事情并没有到此结束。2010年5月31日，腾讯悄然将 QQ 医生升级至4.0版并更名为"QQ 电脑管家"。新版软件将 QQ 医生和 QQ 软件管理合二为一，增加了云查杀木马、清理插件等功能，涵盖了360安全卫士所有主流功能。用户体验与360极其类似。9月份，大量 QQ 用户体验者在网上指出，QQ 电脑管家会在开机时自动启动。这让360感受到了事态的严重性，因为 QQ 有着庞大的用户基础，QQ 电脑管家与 QQ 强制捆绑，必然直接威胁360在安全领域的生存地位。

有了上次的经验之后，360这次的行动明显快了不少。9月27日，360发布直接针对 QQ 的"隐私保护器"工具，宣称其能实时监测曝光

QQ 的行为，并提示用户"某聊天软件"在未经用户许可的情况下偷窥用户个人隐私文件和数据，引起了网民对于 QQ 客户端的担忧和恐慌。10 月 14 日，针对 360 隐私保护器曝光 QQ 偷窥用户隐私事件，腾讯正式宣布起诉 360 不正当竞争，要求奇虎及其关联公司停止侵权、公开道歉并做出赔偿。

2010 年 11 月 3 日，腾讯宣布 QQ 与 360 不兼容，原因是 360 的扣扣保镖威胁到了腾讯 QQ 用户的安全。360 随即发出几封致用户信，认为腾讯利用垄断优势打压竞争对手。这场不兼容之战持续几日，令业界震惊。虽然腾讯公司坚信，"不兼容"是不得已而为之，但是并没有获得业界和公众的理解和同情。

这场 3Q 大战引来了社会各界的围观，关于双方的评论也各不相同。但总归有一点，一个巴掌拍不响。整场论战过程中，双方为了各自的利益，从 2010 年到 2013 年期间，两家公司上演了一场长达 4 年的互联网持久战。期间双方虽有表面上的"和解"，但最终还是对簿公堂。

2013 年 3 月 28 日上午，广东省高级人民法院对原告北京奇虎科技有限公司诉被告腾讯科技（深圳）公司、深圳市腾讯计算机系统有限公司滥用市场支配地位纠纷一案作出一审判决，驳回奇虎公司全部诉讼请求，腾讯公司不构成垄断。这也是国内首个在即时通讯领域对垄断行为作出认定的判决。奇虎 360 随后提出上诉。

2013 年 11 月 26 日上午，备受瞩目的奇虎 360 诉腾讯垄断一案的二审在最高人民法院开庭。该案是迄今为止，我国互联网领域诉讼标的额最大的垄断案件，被称为是中国"互联网反垄断第一案"。

这场斗争中，双方都没有互信对方，并且在抢占市场份额上使出浑身解数打压对方，最终导致双方反目成仇。同样是对手之间的关系处理，腾讯与 360 之间的关系，明显不如李嘉诚与业界对手之间的关系。腾讯与

360 都是对客户诚信的公司，但在对手关系这个层面上，他们或许都算不上。从长远发展来看，这必然会给两家企业今后的发展埋下隐患。

李嘉诚认为，敌人相信你，不单只是因为你诚信，还因为他相信你不会伤害他。李嘉诚的话带给我们这样的启发：在与人竞争时，蛮力是不可取的，靠智慧和诚信让你的对手相信你，才是赢得真正成功的开始。光明正大的较量，是强者过招最欣赏的一种方式。

赚钱有度：
不义之财一文不取

　　在今天的竞争社会，你如果在美国读 MBA，会教你怎么样可以赚 last penny，可以怎么样赚到最后一分钱。我们中国人的想法是，赚钱好，但是对人有害的事情不做。

　　在一个商业社会，商人是越赚多越好，自由的事业，有的机会送到你面前，非常非常吸引。法律也准许，一般人也是认可，这个事业也是可以做的啊。但如果我对这业务心中有着疑问，我认为是不应该做的，我情愿牺牲这赚钱机会。如果记者先生不写这个的话，我就讲出来。我们在外国一个地区有很大的投资，连机场、高尔夫球场也有好几家，还有 8 万英亩，差不多 50 万亩。那么这个国家的 prime minister 给我一个赌场的牌照，这是配合他整个旅游区的牌照。我公司经理知道我不喜欢这类的事，他给我一个提议，说这个是最没本，就是不用本钱，又有钱赚的。将这个牌照先租给其他的外国人经营，租金一亿五千万美金。当时我就说写上"放弃"，绝对不可以经营这个事业。后来这个国家的 prime minister 来香港找我。他说："整队兵跟着我跟我要牌照，我给你，因为你有大的发展在这里，你为什么不要？你公司的同事要我来游说你，说这是个好事业。"我们开会说，要另造一个房子，在酒店外面，让其他的人做赌场，你要给哪个人牌照3年我们就租给他3年。所以我那边这部分的经理常常讲："我们的主席啊，最容易的生意他就不要，辛苦得不得了的他做。"这是我的经营概念：可以赚的钱应该赚，不过要合法合理。在今天的竞争社会，你如果在美国读MBA，会教你怎么样可以赚 last penny，可以怎么样赚到最后一分钱。我们中国人的想法是，赚钱好，但是对人有害的事情不做。

——摘自《李嘉诚谈企业战略》

延伸阅读

在《第一财经日报》上曾经刊登过一篇李嘉诚演讲的摘录，其中几句发人深省："我相信只有坚守原则和拥有正确价值观的人，才能共建一个正直、有秩序及和谐的社会。一个没有原则的世界是一个缺乏互信的世界。我相信没有精神文明、只有物质充斥的繁荣表象，是一个枯燥、自私和危险的世界。"

1997年亚洲金融风暴发生后，中国香港经济亦受到很大冲击，地产及股市大跌，人心惶惶，国际对冲基金及大炒家多次利用股市溃击联系汇率及期指市场，以期获取暴利。当时也曾有人多次向长江集团要求借取股票在市场抛售，借以增强沽售压力，加速股市崩溃，以遂攫利目的。经估算，当时如果肯借出股票，随便就可获得数以十亿元计的利润。但李嘉诚没有这么做，他认为此举会对香港市场构成很大损害，故而一口拒绝，对这样的钱，李嘉诚说他是绝对不会赚的。当他认为当一桩生意与自己心中的义有冲突时，他的选择只有两个字：放弃。

在公司的一次重要会议上，李嘉诚让人记下这样一句话，公司经营要"有所为，有所不为"。他说，一个有使命感的企业家，在捍卫公司利益的同时，更应重视以努力正直的途径谋取良好的成就，正直赚钱是最好。这种"可赚的钱应该赚，不可赚的钱绝对不赚"的态度打破了人们眼中唯利是图的商人形象，为商界树立了一道亮丽的风景线。

人类拥有诸多欲望，想要满足这些欲望，离开了财富是办不到的，所以人人爱财。但是，财富取得的方式，却多种多样。绝大多数人取之有道，通过自己的努力奋斗，发挥自己的聪明才智，合理合法地发家致富，不少创业英雄成了人们崇拜的偶像。如微软创始人盖茨、华人首富李嘉诚、大陆富豪刘永行兄弟等等。

一般来说，在大多数人的印象里，钱赚得越多越好。但北京著名股票操盘手李克华表示，我只赚我研究透彻的股票的钱，不赚没有研究或者研究不透彻的股票的钱。只赚该赚的钱，不赚不该赚的钱；只赚理性的钱，不赚运气的钱。李克华讲的是稳健赚钱。李嘉诚也是如此，并且用得更加彻底。对于很难赚到的钱，李嘉诚如果认为可以赚，那么就是再难他也会去做。然而对于送到面前的、利润非常诱人且法律也准许的赚钱机会，如果他认为是不应该做的，那他情愿牺牲这次赚钱的机会也不会昧着良心去做。他说："在一个商业社会，钱当然是赚得越多越好，假使有一项赚钱的事业，非常非常吸引人，前景好得不得了，法律也准许，这个事业可以做。但是就算这样的事业，如果带有疑问在我心里，我情愿牺牲。"

一次，李嘉诚在加勒比海巴哈马国投资，拥有货柜码头、飞机场、酒店、高尔夫球场及大片土地，成为当地最大的海外投资商。巴哈马政府拿出很多商人求之不得、一定赚大钱的赌场牌照，作为酬谢李嘉诚的礼物。面对送来的钱财，李嘉诚婉转地拒绝了。若说当着政府人员的面可以拒绝是情理之中，那么面对领寻人呢？李嘉诚仍然没有答应要牌照。

　　作为一位有着广泛交际的人，难免会遇到种种问题，或是极大的困境，或是朋友的馈赠，等等。有些困境难以逾越，很多人便会选择屈从，不择"手段是否不正当"，不管馈赠是否得当，很多人往往会选择顺水推舟，秉着有钱赚白不赚的心理，妾下了这些烫手山芋。对于李嘉诚来说，不择手段的成功就是那颗"烫手山芋"，也许很香甜，却会给自己烙下不光明的痕迹。与其获得这种快速的成功　不如一步一个脚印，脚踏实地地往前走。

　　关于李嘉诚不赚不义之财的小片段可谓是非常多，但不管是什么情况下，李嘉诚始终坚持自己的赚钱理念：可以赚的钱应该赚，不过要合法合理。可以赚足 last penny，可以想办法赚到最后一分钱，但是不能伤天害理。因此，李嘉诚公司下面的员二才会称赞李嘉诚"从不赚取不义之财"。

Business Develop

　　不该赚的钱，就应该一分不取，哪怕它有着很好的前景，甚至眼前有着颇丰的收益，否则，这笔"巨款"就会成为日后砸毁品牌的"利器"。

　　美国默克药厂长期被公认为是一个非常成功的制药公司，这家药厂特别注重科研创新，仅仅依靠这一点，默克药厂就成了医药企业界的优秀典范。这功劳很大一部分是属于默克 CEO 雷蒙德·吉尔马丁的，吉尔马丁是默克公司的"空降"CEO。开始很长一段时间他都被商业评论家拿来做杰出 CEO 的典范，他不但积极配合管理团队和董事会，更是极大地发扬创新精神。在吉尔马丁任职期间，默克研发出了治疗关节炎的新药 Vioxx，这种药在获得专利权后，已速占领了美国市场，一度成为全球最畅销的药品之一。

　　但是，这种药在使用的过程中，被发现对心脏有副作用，经常会有医疗机构的研究人员向公众和默克公司发出药品有副作用的警告，但是这位CEO一直都不作声。事实上，这种药本身确实存在问题。因为吉尔马丁并没有重视此事，后来导致出现了服药者死亡的事情。当这件事情出现的时候，吉尔马丁拒绝承认错误。一开始他沉默不语，也不出面应对。社会舆论压力越来越大，而死者的家属也联合起来起诉默克，最后惊动了美国国会。国会针对此事成立了调查组来调查此事，直到此时，吉尔马丁才不得不出来。但他还是狡辩说，是药都是有毒性的，更何况他的太太也正在服用这种药物，说明该药的副作用是控制在合理范围内的。

后来国会经过调查发现，这种药确实有问题，但是公司领导层还是强行推出该药。万般无奈之下，吉尔马丁才开始道歉，然而道歉也是非常不诚恳。最后越拖越糟，小事变成了大事。生前服用过 Vioxx，死于心脏病的原沃尔玛产品经理恩斯特的遗孀获得了约 2.5340 亿美元的赔偿。让默克公司害怕的是，类似的诉讼还有 4200 多起。一旦这个判决引发骨牌效应，默克的赔偿金额可能高达 180 亿美元。资本市场上，默克公司的股票一路狂跌，落后于华尔街股市的其他板块。医药界人士把这看作是 20 多年来行业最不幸的事情。

维护企业形象有的时候不需要做一个专题计划去实施，也不需要花费专门的资金进行改造。维护企业形象很多时候就是在日常的一言一行之中，在平日的策略制定之中。从某种程度上来说，戒掉了"贪"，也就维护了自身的良好形象。

第九章
慈善与责任：赚钱不是企业的唯一目标

拼在责任——以赚钱为最终目的的企业，最终都赚不到钱。

专注公益：
形象好的企业一定有良心

　　当有能力及有意愿对社会竭尽
一己之责，我们必能创出希望和有
效的变革，打造一个真正公平、公
正，充满自由动力和快乐和谐的社
会。这是我个人的追求，我知道这
也是你们的追求，愿与大家共勉。

　　很多人常常问我，你一生努力建立一个成功的企业，为股东和
公司属员创造价值，现在你又为何如此专注贡献于公益事业？处身
现今流行的社会资本和社会企业的滔滔理论中，我的答案很简单，
在我脑海中有连串问题，在一个变幻莫测的社会中，老定律已非必
然，那么我们历久常新的价值观在哪里？在一个丰裕和竞争激烈的
社会，当争取个人成就的欲望是如此强烈，谁又会领会为社会和谐
付出心思与诚意的呼吁？在一个官僚和公式化令想象力流于匮乏的
世界，多元的科学和哲理经验与情操如何能成为一个人生命的重要
元素？

　　在现实社会中，观念和价值制度充斥着互不融合和相互矛盾，

我不认为能有单一的良方，可达至真正的社会和谐，但我深信其中一个关键，是我们每一个人的"至诚"，当我们在建立自我成功的同时，永远不要忘记追求无我，常常抱着为民族和人类做出贡献的良愿，当有能力及有意愿对社会竭尽一己之责，我们必能创出希望和有效的变革，打造一个真正公平、公正，充满自由动力和快乐和谐的社会，这是我个人的追求，我知道这也是你们的追求，愿与大家共勉。

——李嘉诚在长江学者奖励计划十周年颁奖典礼上致辞

延伸阅读

有人说，国家繁荣昌盛，人民安定富足，是李嘉诚最大的心愿。的确如此。江泽民同志在北京人民大会堂接见李嘉诚时就盛赞他"是一位真正的爱国者"。李嘉诚的爱国热忱，使得全球华人都对他表示了无限的钦佩和爱戴。他所取得的成就固然令人惊叹，但是其以一个成功者富不忘本的情怀，更值得我们终身学习。

有资料称，在《大公报》工作了40多年的杭州人韩老先生曾感慨万千地说："李嘉诚确实是个能人！确实聪明才智过人！潮汕人真了不起。他能吃大苦耐大劳才有了今天。人们不仅佩服他会做生意，会赚钱，更佩服他有独到的眼光，爱国爱乡呀！"

李嘉诚从不忘家、不忘乡，更不忘国，尽可能地对香港及内地保持乐观的态度，并且致力于香港的经济发展与内地相连，发展中国中药事业，关注慈善事业，躬亲于公益事业，他的一系列爱国举措无不被人们看在眼里，记在心里。

为提高中国高等学校学术地位，振兴中国高等教育，1998年8月，中华人民共和国教育部与香港李嘉诚基金会共同筹资，设立了"长江学者奖励计划"，该计划是一项专项、高层次的人才计划，旨在提高中国高等学校学术地位，振兴中国高等教育。该项计划包括特聘教授、讲座教授岗位制度和长江学者成就奖 3 个部分。

1998 年起，在整个长江学者奖励计划实施的第一期，教育部计划在全国高等学校国家重点建设学科中设置 300 ～ 500 个特聘教授岗位，并为这些教授提供优厚的待遇。2004 年，国家对这一计划的实施力度进一步加强，增加教授的数量，同事扩大奖励的学科领域。2005 年 6 月，教育部与李嘉诚基金会联合召开新闻发布会，长江学者奖励计划的覆盖区域进一步扩大，将港澳地区高等学校和中国科学院所属研究机构一并包括在内。1998 年至 2006 年期间，一共有 97 所高校分八批聘任了 799 位特聘教授、308 位讲座教授，其中有 14 位优秀学者荣获"长江学者成就奖"，可以说为中国高等教育的发展贡献了巨大的力量。2011 年 12 月 15 日，全新的"长江学者奖励计划"细则颁布，使得更多的人文社科专业、中西部高校也纳入了计划之中，进一步增大了计划的影响力。

这样一个对当下的中国仍有深远影响的计划，来自钓鱼台饭桌上的一次谈话。1998 年，第九届全国人大会议结束之后，李嘉诚来到北京，并且主动提出希望拜访当时的教育部长陈至立。二人见面之后，李嘉诚随即表明了自己的想法："国家这么重视科教兴国，我李嘉诚要为国家教育的发展做点事。今天拜访部长，想向部长请教。比如捐资设立奖学金，帮助大学生成才，不知这个想法是不是合适？"

李嘉诚的这番诚意让陈部长非常感动。陈部长认为，李嘉诚的提议非常好，对于整个国家的发展都有着深远的意义，并且继而提出了自己的看法："如果让我提建议的话，我想，做一个吸引和鼓励优秀中青年大学教师的项目，效果会更好一些。"

听到这里，当时站在一旁的教育部副部长韦钰随即补充道："国家实施'211 工程'、建设重点实验室等，已经花了几十亿的资金，主要用来买先进的设备，建设图书馆及公共教学科研设施，但是由于国家工资制度的规定，不能用较多的钱来改善教师和研究人员的生活待遇。吸引优秀人才是个很大的问题，有了先进的设备，没有人来使用，难以创造出高水平的成果。如果李先生把准备投入的资金，对可能做出突出成就的人，给予奖励，会产生更大的作用。"听完两位部长的意见之后，李嘉诚当即点头认可，同时表示：得到教育部领导的支持，我们可以好好地合作了。这样的合作一直持续了下来，为中国的高等教育发展做出了卓越的贡献，同时也为李嘉诚自身的形象赢得了不少的加分。

Business Develop

企业家最重要的是什么，不是带领企业创造多少财富，而是要勇于担起社会责任。作为企业管理者，要时刻不忘自己身上承担的社会责任。勇于承担社会责任，不但是个人高风亮节的展示，也是塑造企业形象的绝佳方式。

如今的中国石油集团已经发展成为特大型国有企业。中国石油集团在成长，在壮大，同时，也承担起了更多、更重的责任。中国石油也一直将"感恩"作为集团成员的行为准则之一，把关心社会建设和积极参与公益事业作为履行社会责任的重要内容和具体体现，始终关注和支持社会公益事业，积极参与赈灾救危、捐学资教、支持文化体育等公益事业。中国石油集团时刻谨记自己的责任，尽自己的最大努力回馈社会，在社会公众中树立起良好的企业形象。

2005 年，中国石油集团为援藏项目捐款 1588 万元。1 月 8 日，中国石油职工为印度洋海啸灾区捐款 1346 万元。在为贫困母亲捐款、"博爱在京城"、北京"扶贫济困送温暖"等活动中，中国石油集团无不积极捐款，奉献爱心。2006 年，中国石油集团又先后向遭受自然灾害的广东、湖南、重庆等省市捐款 3600 万元，向中国残疾人联合会捐款 1000 万元。并积极参与全国妇联发起的"大地之爱、母亲水窖"公益活动，累计捐款 1030 万元，可在西部贫困地区修建 10000 多口水窖。除此以外，在"十五"期间，中国石油集团先后向新疆、内蒙古、甘肃、四川、广西等地区，以及伊朗震灾、印尼海啸灾区等捐款总计超过 1 亿元，还筹集资金 3200 万元设立了救济基金，帮助困难学生和教师。

中石油的实践证明，履行社会责任可以彰显企业形象，提升企业品牌影响力；而社会责任缺失，则会丑化企业形象，令企业品牌蒙羞。企业履行社会责任与企业品牌建设有着直接的、深切的联系，履行社会责任已经成为企业品牌建设的新的路径依赖。所以，作为企业的管理者要通过积极主动履行社会责任来再造企业文化，重塑企业形象，并由此打造企业品牌影响力。

做慈善
并不只是捐点钱而已

> 你有多余的钱财，应该多参与
> 社会公益。

中国过去有不少富可敌国的商家，但古老的传统思想是基业传万代，考虑让儿子代代相传。我认为让实业千秋万代继续下去是应该的，但一个人基本生活保障并不需要太多。你有多余的钱财，应该多参与社会公益。所以，商业我会慢慢地放，公益事业我想更多地直接参与，希望借此能引起其他参与者的使命感和更多人的共鸣。

——摘自《李嘉诚实话实说》

延伸阅读

当今随着对善行的推崇，社会上也出现了过分夸张善行的现象。人们从一次次的"博名""诈捐"中获得了一个经验，那就是"沽名钓誉"。但是，实际分析我们便能发现，这只是一种十分主观臆断的行为。

2006年8月，李嘉诚宣布把其私人持有的约28.35亿股长江生命科技股份悉数捐给李嘉诚基金会，这些股权总值约24亿港元。李嘉诚还承诺，未来还将有巨资投入,"直到有一天,基金一定不会少于我财产的三分之一"。据测算,基金会未来收到的捐款将超过80亿美元。

2008年5月12日,四川发生大地震,第二天李嘉诚就以李嘉诚基金会的名义,向四川地震灾区捐助3000万元人民币赈灾。第二轮捐助更达1.2亿元,而这只是李嘉诚慈善事业的冰山一角。

李嘉诚并没有因为有人对他的善举提出质疑而寒心,因为他知道,做善事不是为了给别人看,更不是为了沽名钓誉,所以他低调,很多时候都是过去很多年慈善行为才被挖掘出来。不管顺境、逆境都持之以恒地待人以善心;特别是在受到他人的讽刺、毁骂、误解时也不改为善之心。

20世纪80年代,拥有雄厚财力的李嘉诚成立慈善基金会,命名为"李嘉诚基金会"。至2010年2月底,基金会已捐出及承诺款项达113亿港元。李嘉诚有过少年失学之痛,因此重视教育投资;父亲因病去世、自己与肺结核奋战多年则使他关注医疗,李嘉诚说:"我对教育和医疗的支持,将超越生命的极限。"

1981年,广东潮汕地区第一所大学汕头大学,在李嘉诚的资助下成立。李嘉诚从加拿大、中国香港挖脚名师担任各学院院长。其中的医学院是中国最优秀的医学院之一,这种真正付出时间做慈善的行为和细节化的行动为汕大带来了生机。不仅如此,李嘉诚还动用他的国际人脉,广邀名人授课,例如请星巴克咖啡创办人霍华德·舒尔茨讲授商业道德课程。即便是在李嘉诚的公司面临较大困难时,他也没有停止对汕头大学的资助。

在给汕大筹委会的信中,李嘉诚动情地写道:"汕大创办成功与否,较之生意上及其他一切得失更为重要……即使可能面对较大困难的经济情况下,也一定要做这件有重大意义的事情。"李嘉诚到汕头大学访问时,学生和教职员工对他的爱戴和景仰之情溢于言表。

由此可见,在李嘉诚的眼里,慈善并非一件可有可无的事情,而是一件要真正付出时间去做的事情。在面对重大困难时，能够不为金钱利益而动摇，不故作姿态，不打肿脸充胖子，而是慎重决策，分清轻重，目光长远，并且平和面对公益事业，舍得并且甘心于投入时间，亲自参加建设。这，才是慈善的真正意义所在。

Business Develop

中国香港富得发展有限公司董事长、香港余氏慈善基金会主席余彭年祖籍湖南，是中国内地第一个建立超 10 亿美元民间慈善基金会的慈善家，20 世纪 80 年代起，30 年的时间里一直从事着慈善工作，他欲将毕生财产捐给慈善福利事业。

曾有记者这样问道：如果有人认为您做善事是为沽名钓誉，您会怎么想？

他很坦率地回答："我做善事不求任何回报，做了那么多善事，我从不接受戴任何帽子（头衔）——除了深圳市荣誉市民，这个称号就足够了。我向老家湖南也捐了数千万善款，但一个湖南的头衔都没接受，也没和湖南做一笔生意，何必要有交换条件呢？"此外，他还表示："我没有什么养生之道，做善事就好有精神。做善事就是我的养生之道。"

犹太人洛克菲勒成为世界首富的时候，别人劝他把财产留给他的孩子们，洛克菲勒回答："这些钱是从大众那里来的，因此也应该回到大众那里去，到它们应该发挥作用的地方去。"

洛克菲勒成立了以自己名字命名的洛克菲勒基金会，他帮助成千上万的食不果腹的孩子，让他们可以吃上饭，让他们上学接受教育，让他们成为对社会有用的人。他主要投资在医疗教育和公共卫生上面。他的基金会先后投资达数亿美元，是世界上最大的慈善机构。

不妨再说说汶川地震。从 2008 年汶川大地震后，"企业社会责任"就成为社会高度关注的对象。企业的社会形象和文化品牌的认知度，很大程度上开始和社会责任挂钩。在汶川大地震后，不少企业家在捐款和社会责任问题上出现偏差，成为网络舆论口诛笔伐的对象。例如王石就因为"员工每人限捐十块"的轻率言论，被贴上"王十块"的恶意标签。而新东方，在这一场史无前例的世纪大地震灾难面前，其企业的社会责任和形象，却得到了最大限度的正面展示。

在地震发生时，俞敏洪正在全国巡回演讲的路上。可俞敏洪还是迅速和几位负责人碰头，最短时间内制订了集团社会捐赠的计划。新东方先后在汶川地震救援的捐款达到 1500 万元。以新东方的营业规模来说，这样的捐款实属难得。2007 年，俞敏洪套现股票，也不过只得到 4 亿元而已，但这笔钱，大多数被俞敏洪花在香港设立的慈善捐助基金会上。

俞敏洪是一个具有悲悯心的企业家。他总是能在别人、社会需要帮助的情况下伸出援手，帮助身陷困境的人们。在俞敏洪眼中，新东方的责任是被划分成企业经营责任和社会责任的。

首先，新东方是一个企业。企业不能够赢利而导致员工失业，从经营和职业道德方面说，的确是一种不讲道德的行为，也是经营责任缺失的行为。

新东方作为营利性的教育机构，一直诚信纳税，提供就业岗位，这一点在中国的教育行业有口皆碑。毕竟在各个大学争相贷款扩张，债务无法偿还，甚至师德有愧，教学氛围滑落之时，新东方仍能逆势而行，这实属难能可贵。

其次，新东方作为企业，但并没有脱离社会，更不能以企业之名，以利润为目标，断言放弃社会责任。作为上市公司，新东方在国内外，都要和员工、社区、机构、潜在的社会弱势群体打交道，这本身就是新东方的社会责任的第二个对象。

2004 年，俞敏洪代表新东方教育科技集团向社会捐赠善款总计 143 万余元人民币，他也因此戎为"2005 中国大陆慈善家排行榜"上唯一的一名教育家。未来新东方在这一条漫长的社会责任路上，还将走得更远、更坚定、更加稳健和自信。至少在俞敏洪眼中，这是他办企业的力量和理想的源泉之一，也是新东方事业的新的支柱。

从李嘉诚、彭余年、洛克菲勒、俞敏洪等企业家的态度我们可以看出，将公益慈善当作企业的正经业务来做是非常必要的。做慈善并不是将钱移交给慈善基金会，而是主动承担起社会的一份责任，为社会未来的发展倾注自身企业的一份力量。做好企业，就是要做有良心的企业，或许这便是大企业家们试图传达的全新经营理念。

基金会：
募集难以估价的社会资本

    社会资本像其他资产一样是可以量化的，包括同理心、同济心、信任等在内，是宏观与微观经济层面之间最重要的联系，我们应该乐于对其投资。

    作为企业家，我们都知道寻找正确的资本投资的重要性，而社会资本像其他资产一样是可以量化的，社会资本包括同理心、同济心、信任与分享信念、小区参与、义务工作、社会网络及公民精神等等，这些全属可量化和有效益的价值，是宏观与微观经济层面之间最重要的联系；同济心是人性最坦率及强而有力的内心表达，能建造、能强化、能增长及治疗和消除痛楚，我们都应乐于参与投资。

——李嘉诚在新加坡接受
"马康福布斯终身成就奖"致辞

延伸阅读

1980 年李嘉诚基金会成立，主要在教育、医疗、文化、公益事业几方面进行系统的资助。根据基金会网站公布的数字，2006 年初，李嘉诚把自己持有的加拿大帝国商业银行的普通股份出售，并宣布由此得到的约 78 亿港元的收入全部捐作公益事业。截至 2013 年，李嘉诚个人捐款金额已达 130 亿港元。

成立基金会的初衷，就是为了掌握新时代的"社会资本"。李嘉诚在西部中小学现代远程教育发布会上的讲话也提到了"社会资本"：

1999 年世界银行报告表示，愈来愈多证据显示社会整合对社会经济繁荣及持续发展日益重要。有论者认为在知识时代，社会资本是经济持续增长的重要组成部分，社会资本像其他资产一样是可以量化的，有可量度的可转变性、耐用性、弹性、可代替性、创造其他形式资本的能力。若真如是，那么社会资本包括的小区关系、信任与分享信念、小区参与、义务工作、社会网络及公民精神等，这些全属可量化和有效益的价值，我们都应乐于参与投资。建立社会资本就是社会希望的泉源；公民精神与公民权利相比，有时甚至来得更重要。只有通过全力增进社会资本，才可以驾驭知识与创新的动力，或者这就是一个宏观与微观经济层面之间的合理关系。我们有幸活在一个充满机会令人兴奋的时代，我们拥有更多创意、更多科技、更多时间、甚至更长的寿命。今天，是时候去领悟社会资本的重要性，通过帮助他人重塑命运，为进步赋予新的意义。

"社会资本"是一笔无形的财富，是企业在新时期的社会责任：通过对社会资本的投资，促成整个社会由物质富裕转向精神富裕，这是一个高层企业运作者应该主动扛起的。

Business Develop

那么，企业为什么应该扛下社会责任这样一个艰巨的任务呢？这是新时代的需要。一家企业如果秉承着过时的财富观，必然也会在新时代中没落。投资公益，就是投资社会资本，这是现代文明社会的发展趋势，也是企业未来发展的一条不成文责任。

2010 年，比尔·盖茨和巴菲特来到中国举办慈善晚宴。两人来华的目标，是通过慈善晚宴的形式，对中国富豪"劝捐"。到场的中国企业家约 50 人，有王石、陈光标、余彭年、曹德旺、柳传志、张朝阳、马云、李连杰和时任民政部部长李立国、央企领导人等。事实上，中国企业家在慈善和社会责任这一点上，并不比世界巨富们保守，宣布"裸捐"的陈光标，还有民营慈善第一人曹德旺，在这方面的积极程度和实际行动都要高调和务实得多。

2011 年 5 月 5 日，曹德旺成立了中国第一家家族基金会——河仁基金会。该基金会对福耀玻璃持股 14.98%，其比例之高，在西方也十分罕见。按照章程，河仁基金会将在中国的教育、医疗、环保、紧急灾害和灾后重建几个领域发挥效用。

曹德旺捐出价值 35 亿元的股权，用每年的分红和资本运作所得去做慈善。一次性赠予河仁基金会 3 亿股股权后，曹德旺应缴纳的所得税款高达 5 亿余元。2010 年 5 月 4 日，曹委托中国扶贫基金会，把 2 亿元善款发放给 92150 万户受灾民众。按照当时的协议，他要求扶贫基金会在 6 个月内发完救助款，差错率低于 1%，还把公益基金行内 10% 左右的管理费率压低到了 3%，被称作"史上最苛刻捐款"。

在曹德旺看来，做慈善和管理公司一样。社会责任，也要像企业的合同一样执行，对方有合同义务，必须遵守契约精神。"1% 是对质量的要求。我们搞企业的，企业讲 PPM（百万分之一）的缺损率，客户对我的要求是万分之一。1% 已经可以了。"据胡润慈善榜统计，从 1983 年第一次捐款开始，曹德旺累计个人捐款已达 50 亿元，其中现金捐款达 18 亿元。

从 1998 年开始，曹德旺踏上慈善之路，向武汉洪灾区捐出 300 万元，向闽北灾区建瓯市捐出 200 万元。2006 年 6 月的闽北洪灾，福清基地员工捐 47 万多元，用于闽北小学教学楼重建……

曹德旺的福耀玻璃，如今是世界上第一大汽车玻璃制造商。而很多西方企业之所以愿意和他做生意，正是因为他的这份社会责任。在地方政府那里，曹德旺的事业总是可以得到最大限度的支持。曹德旺的事业也步步走向高峰。一个突出的事实是，在中国众多的上市公司中，曹德旺的企业一直是管理最优秀的前十名。

大多数中国企业家的财富积累史，要比西方的富豪家族和大型企业短得多。中国的企业家和企业的年龄多数一样的年轻。这个事实，也被胡润看成是每年胡润财富榜报告的例行内容。不过，在中国这个传统上将慈善看成是个人功德的社会，捐助更多的是一种私人行为。绝大多数企业家对于高调慈善并不感冒。由于历史传统的影响，一些人甚至害怕过度在慈善业走秀会泄露财富的秘密，引来不必要的麻烦和纠缠。

事实上，大多数主动参与到社会责任行动中的企业，并没有给自己带来什么麻烦，相反，这些企业大多数受到了社会最大限度的回报。比尔·盖茨曾经说，他本人从慈善中得到的反而更多。其实，中国不少著名的社会责任品牌企业同样如此。总而言之，人们有理由相信，社会责任是企业文化和取向的一个大趋势，未来必会有越来越多的企业家加入到投资公益的队伍当中来。

有价的
生意，无价的口碑

善待员工，真心替他们着想。
这是最简单，也最有效的方法。不
择手段的成功只能算作是侥幸，而
且一定无法长久为继。

强者的有为，关键在我们能否凭仗自己的意志、坚持我们正确
的理想和原则；凭仗我们的毅力实践信念、责任和义务，运用我们
的知识创造丰盛精神和富足的家园；我们能否将自己生命的智慧和
力量，融入我们的文化，使它在瞬息万变的世界中能历久常新；我
们能否贡献于我们深爱的民族，为她缔造更大的快乐、福祉、繁荣
和非凡的未来。

我不是一个聪明的人，我对我的员工只有一个简单的办法：一是
给他们相当满意的薪金花红，二是你要想到他将来要有能力养育他的
儿女。所以我们的员工到退休的前一天还在为公司工作，他们会设身
处地为公司着想，因为公司真心为我们的员工着想。我决不同意为了
成功而不择手段，如果这样，即使侥幸略有所得，也必不能长久。

——摘自《李嘉诚自传》

延伸阅读

白居易琵琶行里有一句说，"商人重利轻别离"，可见商人重利是人们心中固有的观念。但事实上，在传统中国商人的血脉里同样也流淌着重义的血统。李嘉诚就是一个很好的例子，他通过自己的实际行动，成功地将白居易的那句诗改成了"商人轻利重别离"，形成了独有的"李家经商真经"。

香江才女林燕妮曾经与李嘉诚有一些业务往来，她说道，20世纪70年代时，塑胶花早过了黄金时期，根本无钱可赚。当时长江地产业的盈利已十分可观，就算塑胶花有微薄小利，对长江实业来说，增之不见多，减之不见少，但李嘉诚仍在维持小额的塑胶花生产。

经过仔细询问才发现，李嘉诚这样做原来"不外是顾念着老员工，给他们一点生计"。有人就说："不少老板待员工老了一脚踢开，你却不同。这批员工，过去靠你的厂养活，现在厂没有了，你仍把他们包下来，怪不得老员工都对你感恩戴德。"李嘉诚回答说："一个企业就像一个家庭，他们是企业的功臣，理应得到这样的待遇。现在他们老了，作为晚一辈，就该负起照顾他们的义务。"

不以创造利润为目的的商人并不多见，李嘉诚重义轻利，故而面对询问十分坦然。

李嘉诚早就明白了"轻利重义"的道理。当年，李嘉诚离开塑胶公司自己创业时，就用实际行动证明了自己是一个以德报德、不重利轻义的人。

临走前，老板约李嘉诚到酒楼，设宴为他辞工饯行。李嘉诚并没有闪烁其词，而是很诚恳地说了这么一番话："我离开你的塑胶公司，是打算自己也办一间塑胶厂。我难免会使用在你手下学到的技术，也大概会开发一些同样的产品。现在塑胶厂遍地开花，我不这样做，别人也会这样做。不过，我向你保证，我绝对不会夺走一个客户，绝对不用你的销售网推销我的产品，我会另外开辟销售线路的。"

这种承诺对于一个年轻的创业者来说并不是一件轻易能够实现的事情。因为是新厂，必然要开发客户，但旧有的一切资源都不能用，而没有丝毫名气的新厂要想开发新客户则是难上加难。但是，李嘉诚并没有因此违背承诺。他重义轻利，甚至推辞了主动上门来的客户，希望这些客户继续与原公司保持往来关系。

Business Develop

"商人轻利重别离"这条真经的本质在于轻利，不唯利是图。然而，在众多的书中，商人都被塑造成为唯利是图的模样，如"商人皆为利来""商人不是慈善家"，等等，这其实只因为没有贯彻好这一原则而已。但我们不能一概而论，还是有很多企业家领悟到了这一点。

在山东，有一位因一时"不忍"而创业的民营企业家，他就是力诺集团董事长高元坤。按照他的说法，创办力诺集团并非出于经商挣钱的目的，他本来在山东省医药管理局工作，从没想过要离开这种稳定的生活。但是有一天，他的一位朋友找到了他。这位朋友是沂南玻璃厂的领导，朋友告诉他自己的企业垮了，数百名员工的生活都将受到影响。高元坤听完之后心里非常难受，他一想到那么多人将要丢掉赖以为生的饭碗心中便觉得"不忍"，于是他决心为大家找条出路，这才有了从银行贷款50万元创业的举动。

像高元坤一样，很多鲁人经商都注重仁义。鲁商集团董事长季缃绮在诠释企业的使命时，曾说过鲁商集团的核心思想是"仁智合一，商行天下"，仁为前，智为后，然后才谈商行。以仁者思想、义士情怀经商的鲁商虽然有时候很难从市场的角度看问题，却往往也能因此积累厚实的人脉，人脉即钱脉，厚积而来。可见一个义字，成就的不仅仅是仁义品格，同样也成就事业。

豪爽的山东人并不会只将自己的人际关系局限在老乡范围之内，他们习惯以仁为处世核心，以礼为待人之道，所以无论对待朋友还是陌生人，他们都有一副仁者的情怀，更有义士的肝胆。鲁商之中，"义利合一""重义轻利"者不胜枚举。电视剧《大染坊》塑造了一位清朝末年享誉全国的山东商业巨子陈寿亭。他原名陈六子，是山东周村人，年幼时父母双亡，他只能以讨饭为生。一个冬天的早上，他假装昏迷倒在了一家染坊的门口，染坊的周掌柜为人和善，见他可怜便收留了他。后来他又成了染坊的伙计，认了周掌柜为义父，并改名陈寿亭。周掌柜出于一份仁义之心收留他，因此捡回一条命的陈寿亭感念周掌柜的恩情，并且秉持着周掌柜与人为善、讲究仁义道德的家风，振兴了通和染坊，并将染厂开到了青岛、济南。

陈寿亭并非完全杜撰出来的人物，在鲁商历史中有原型可考，这位传奇人物便是张星垣。在周村，张星垣的故事可谓家喻户晓，他流浪乞讨时被周村的商人石茂然收留才保住了性命，并得到石茂然提供的一笔资金开了染坊，字号叫作"东元盛"，后来发展成为周村最大的染坊，20世纪30年代后陆续迁往济南，慢慢发展到在各地开分号。张星垣的发迹虽然带有一定的偶然性，但这个故事恰恰也说明山东人对义气的重视。石茂然收留张星垣无非是出于同情和乡情，但他的一番善意既成就了张星垣的事业，也为自己事业的发展打开了一个更加广阔的局面。

有人曾经说过，人之所以慷慨，是因为拥有的比付出的多。李嘉诚乃至上述的其他生意人等，拥有的其实也并不算多，但是他们仍旧始终将仁义道德贯穿在整个公司的运作之中。以重义轻利、以德报德的情怀经商的人，虽然有时候显得很傻，但往往也能因此积累厚实的人脉和口碑。

有的时候，人们很难用数字来衡量这样的"义举"所带来的具体利益，反过来也是一样，因为不重视"义举"而带来的损失是无法估量的。"义举"其实是企业社会责任的一种表现，重义的企业往往能够赢得良好的口碑，这在无形之中相当于为企业自身做了一次品牌的推广，这便是"重义轻利"的最好回馈。再大额度的交易总归也是有价的，而无形的口碑与形象却是无价的。